経済的徴兵制

布施祐仁
Fuse Yujin

a pilot of wisdom

目次

ベトナム戦争と徴兵制廃止／イラク戦争と徴兵制復活法案／
志願理由のトップは「奨学金」／経済危機に救われた新兵募集／
ドイツでも「経済的徴兵制」

第二章　自衛隊入隊と経済格差

世界不況で増えた志願者／派遣先の倒産をきっかけに〈Aさんの場合〉／
大学進学のため入隊したが……〈Bさんの場合〉／
志願理由は、国防より自己実現と経済的利点／
自衛隊に入れば〝トク〟をする／青少年の入隊と貧困／
防衛庁も認めた、募集と貧しさの〝密接な関係〟／
現在も変わらぬ貧富との関係／
自衛隊の良い面と悪い面〈Cさんの場合〉／
一生ハケンより自衛隊はまだマシ／
人間を「使い捨て」にするシステム

図版制作／クリエイティブメッセンジャー
章扉デザイン／今井秀之

はじめに

「さっそく自衛隊から赤紙がキター」

「自衛隊募集の封筒が届いた。タイムリー過ぎるだろ」

安倍晋三内閣が集団的自衛権行使を容認する閣議決定を行った直後の二〇一四（平成二六）年七月上旬、インターネットのツイッター上に、こんなつぶやきが飛びかった。

自衛隊は毎年、市町村が管理する住民基本台帳から一八歳の住民の情報（氏名、住所、生年月日、性別）を入手し、七月一日の高校生に対する求人活動の解禁にあわせて、自衛官募集案内のダイレクトメールを一斉に発送している。

しかし、これまでは、ここまで話題になることはなかった。安倍政権による集団的自衛権の行使容認が、その「意味」を大きく変えたのである。

この閣議決定を具体化する安全保障関連法案（安保法制）が二〇一五（平成二七）年九月一九日未明、参議院本会議で可決され、成立した。

安倍晋三首相は、法案成立当日に応じた産経新聞のインタビューで、「徴兵制になるのでは」「戦争に巻き込まれる」といった懸念や批判は、「デマゴーグ（扇動）だということを説明していきたい」「事実をもってレッテルをはがすことで国民の信頼を勝ち取れる」と語った（「産経新聞」二〇一五年九月二〇日）。

徴兵制については、首相が「憲法第一八条が禁止する『意に反する苦役』に該当する。明らかな憲法違反で、たとえ首相や政権が代わっても徴兵制の導入はあり得ない」（七月三〇日、参議院平和安全法制特別委員会）などと繰り返し否定してきたにもかかわらず、国民の中で徴兵制への不安が消えなかったのは、私はそれなりの理由があると思う。

まず、歴代政権が「明らかな憲法違反」としてきた集団的自衛権の行使を憲法解釈の変更によって容認した安倍政権が、憲法解釈を理由に「徴兵制はあり得ない」と言っても説得力に欠ける。

また、安倍首相は、現代の兵器はハイテク化されているため任期の短い徴兵制の隊員では役に立たず、政策上も徴兵制を導入する合理的な理由がないと説明している。

たしかに、ハイテク化された現代の「軍隊」はプロフェッショナルな隊員を必要とする。

しかし、それはすべてではない。自衛隊には多くの職種があり、ハイテク兵器を扱うものばかりではない。それに、現に、毎年一万人前後の「任期制」隊員（一任期は、陸上自衛隊が二年、海上・航空自衛隊が三年）を採用している。素人の隊員が役に立たないのであれば、今でも任期制隊員の募集は不要ということになってしまう。

それに加えて、徴兵制があり得ないのであれば、どのように隊員を確保していくかという「対案」をまったく示していないことも、徴兵制への不安が消えない理由となっているのではないか。

出演した自民党のインターネット生放送番組で、司会から「（集団的自衛権の行使容認などの影響で）志願する人が減ってきたら結局徴兵制にしないと持たなくなるのでは、と言う人もいる」と問われた安倍首相は、次のように答えた。

現実はどうかというと、今自衛隊に応募する方は多く、競争率は七倍なんです。（中略）御嶽山の時も救助に向かいました。また噴火すれば身に危険が迫るかもしれない。しかし、自分たちこそ日本人の命を守るんだと。ああいう姿を見て、自分もこういう意義のある仕事をしたい、やりがいのある仕事をしたい、と思う人たちがたくさん日本人の中にはいる。若いみなさんの中にそう考えている人たちがたくさんいるんだということを思うと、私は大変誇りに思いますね。

私はこれを聞いて、安倍首相は自衛隊の隊員募集の現実をまったく知らないのではないかと思った。

たとえば、東日本大震災の時の大規模な災害派遣で、国民の自衛隊への評価はかつてなく高まった。しかし、これがストレートに隊員募集につながったかというと、そう単純ではない。

二〇一一（平成二三）年一一月に東京・市ヶ谷の防衛省で開かれた「平成二三年度募集・援護担当者会議」では、東日本大震災が自衛官募集業務に及ぼした影響についても意見交換が行われた。

筆者が情報公開請求して入手した内部文書には、こう記されている。

被災地における自衛官の姿に感銘を受け、確固たる意志で志願するものが増加した反面、一部には（中略）「災害派遣はきつく厳しい」とのイメージや放射能に対する不安感等により自己の限界を感じ受験意欲を低下する受験者も散見されている。また、父兄からは「自分の子供は入隊させたくない」という声も聞かれた。（必ずしも、一方的な志願者増にはつながっていない。）

このように、災害派遣で自衛隊に対する世間の評価が高まっても、実際に自分や子どもがやるとなると、やはり危険性は志願するかどうかを考える上で大きなファクターとなるのである。

しかも、これはあくまで災害派遣のケースである。そもそも、災害派遣のリスクと戦争のリスク、それも日本防衛と直接関係のない海外の戦争に派遣されるリスクを「同列」に扱うこと自体が適切ではない。

たとえば、中東やアフリカのどこかの国で米軍の「後方支援」のために派遣された自衛隊の部隊が戦闘に巻き込まれ、隊員が多数「戦死」した場合、隊員募集に与える影響は東日本大震災の比ではないだろう。

現時点で七倍の競争倍率があるからといって、安全保障関連法案の成立で海外に派遣される隊員のリスクが格段に高まったいま、今後も必要な隊員を確保し続けることができるという保証は何もない。

将来、もし志願者が激減した場合、政府はどのように必要な隊員を確保するのだろうか。徴兵制を導入しないのであれば、別の方策をとらなければならない。

アメリカでは、貧困層の若者が大学に進学するため、あるいは医療保険を手に入れるためにやむなく軍に志願するケースが多い。二〇〇〇年代の中頃、アフガニスタンやイラクで米兵の戦死者が増大して志願者が減った時には、この傾向はいっそう強まった。

このように、貧困層の若者たちが経済的な理由から軍の仕事を選ばざるを得ない状況のことを、アメリカでは「経済的徴兵制（economic draft）」と呼ぶ。

私は、ジャーナリストの堤未果氏の『ルポ　貧困大国アメリカ』（岩波新書、二〇〇八年）でこの言葉を知った。ちょうどこの頃、自衛隊の海外派遣が「付随的任務」から「本来任務」に格上げされたのに加えて、非正規雇用の急速な拡大にともなって貧困と経済格差が社会問題になりつつあったこともあり、私は直感的に日本も将来アメリカと同じようになるのではと思った。実際に取材を始めてみると、アメリカほどではないにせよ、自衛隊でも一部に「経済的徴兵制」と言えるような状況がすでに生じていることが見えてきた。

今後、自衛官のリスクが誰の目にも明らかになり新隊員の確保が困難になった場合、政治的ハードルの高い徴兵制導入よりも、まずは「経済的徴兵制」の強化が先に来ると私は考えている。その条件は、「生涯ハケンで低賃金」の派遣労働者をいっそう増大させると懸念されている労働者派遣法の改定など、貧富の格差を拡大させる安倍政権の経済政策によって、着々と作られているように見える。

今年（二〇一五年）の七月も、国会で安保関連法案が審議中だったこともあり、自衛官募集のダイレクトメールが話題となった。神奈川県川崎市では、「苦学生求む！」というキャッチコピーの防衛医科大学校（埼玉県所沢市）の入学案内チラシ（序章扉写真）も同封され、「経済的徴兵制そのもの」「貧しい者から戦地に行け、ということか」などとツイッターで拡散された。チラシには「医師・看護師になりたいけど…お金はない！　学力・

体力自信有り！　集団生活も大丈夫！　こんな人を捜しています。入学金・授業料は無料です」とも記されていた。

「うちの息子に来た自衛隊加入募集パンフレット。『苦学生求む』だった！　この言葉の恐ろしさを伝えたいです！」の言葉とともにチラシの写真をツイッターに投稿した女性は、私の取材にこう話した。

「お金で人を釣るような文言には違和感を持ちました。私の実家は自衛隊の基地がある所なので、自衛隊に志願する人の家庭が（経済的に）厳しいことは、同級生の就職などで感じていました。でも、この世の中の動きのなかで、こういう露骨な募集をするのかと驚きました。（経済的徴兵制に向かって）着々と準備が進んでいるようで本当に怖いです」

入学金と授業料が無料で、毎月約一一万円の「給料」まで出る経済的利点をアピールしての防衛医科大学校の募集はこれまでも行われていたが、これも安保関連法案でその「意味合い」が大きく変わったのである。

本書では、自衛官募集の現状と歴史を振り返った上で、安保関連法の成立による日本版「経済的徴兵制」の実態について考えてみたい。

序章 「経済的徴兵制」の構図

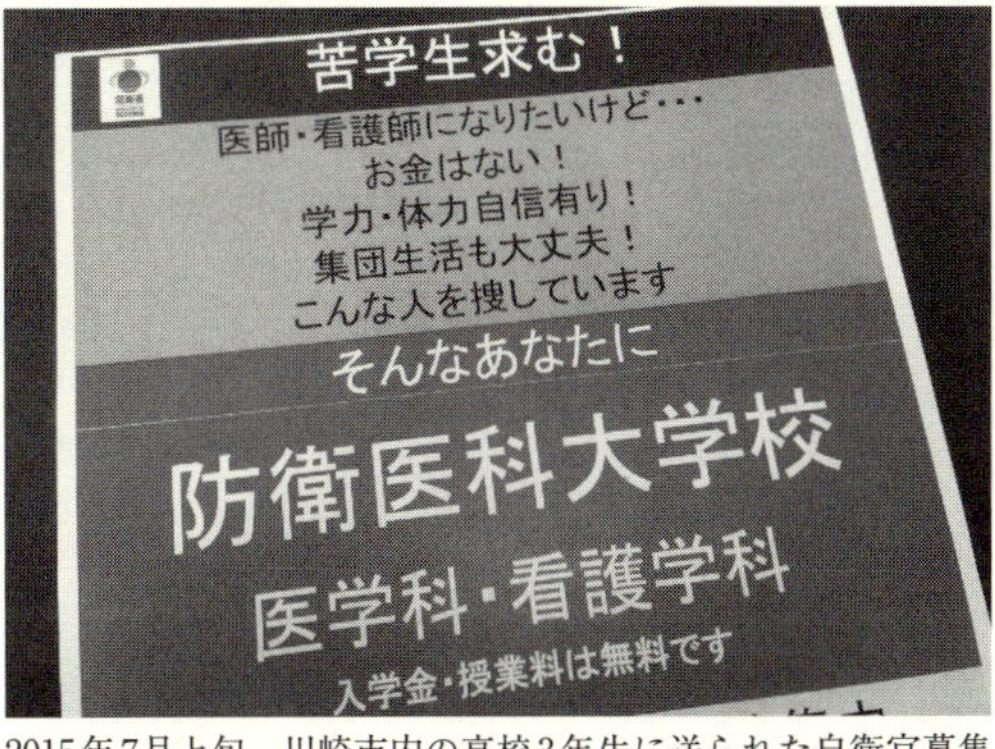

2015年7月上旬、川崎市内の高校3年生に送られた自衛官募集案内。「苦学生求む」と書かれている（筆者撮影）

閣議決定後増えた退職者

信じられない光景だった。

はたして、ここは陸なのか？　道路も看板も目印が何もないのでわからない。橋には流された家が引っかかっている。辺りには、津波に飲みこまれた車がたくさん水没し、昨日まで生活そのものだったであろうテレビや家財道具や自転車などが散乱している。この新品の自転車なんて、多分買ってもらったばかりじゃないか。この子は生きているのか――。

絶望するしかない光景を前にしながら、「こういう時こそ俺たちがやらなければ」と思えたのは、多くの国民が背中を押してくれていることを感じたからだった。

皆が被災地に向かって急ぐなか、災害派遣の垂れ幕を懸けた自衛隊車両が通ると、車を寄せて先に通してくれた。「早く現地に助けに行ってくれ」という自衛隊への期待を実感した。

二〇一一（平成二三）年三月一一日に東日本大震災が発生すると、東北地方にある川村健人さん（仮名）の部隊もすぐさま派遣された。

目的地に到着すると、雪の舞い落ちるなか、胸まで水に浸かりながら津波で流された人々の捜索救助活動を行った。

「水没した車は窓が曇って中は見えません。車内に亡くなった人がいないことを祈りながらドアを開けると、夫婦の遺体があったことも……。水に浸《つ》かった遺体は重く、六、七人がかりでやっとボートに乗せることができました。災害等でご遺体を見るのは初めてでした。心の中で供養の言葉を唱えながら、黙々とそれに向き合うしかありませんでした」

　捜索救助活動の後は、食料や生活用品の物資輸送や入浴支援などに従事した。そこでは被災者と直接触れ合い、たくさんの人々から感謝された。この時の経験が、自衛隊の仕事に対する意識を変えたと話す。

「それまで、そこにはいない空想の敵を相手に訓練ばかりしてきて、どうしても仕事にやりがいを持てないときもありました。でも、東日本大震災の災害派遣で困っている人の役に立ち、感謝されて、自衛官として初めて誇りに思うことができました。この仕事を続けてきて良かったと心から思いました」

　川村さんが自衛隊に志願したきっかけは、高校三年生の時に自衛隊から実家に送られてきた募集案内のリーフレットだった。特に自衛隊に関心があったわけではなかったが、なにげなく開いて読んでみると、自衛隊には「任期満了金」という制度があり、一任期（二年）で約六〇万円、二任期（四年）で約一三〇万円の退職金をもらえると書いてあった。それを見て飛びついた。

当初は四年働いて任期満了金をもらって辞めようと考えていたが、やっているうちに人間関係もでき、仕事でもそれなりに評価されるようになって、「このまま自衛隊を続けようかな」と思うようになったという。そして、「昇任試験」を受け、「任期制」の隊員から定年まで働ける「陸曹」（下士官）となった。

何もなければ、普通に定年まで自衛隊で働くはずだった。しかし、二〇一五（平成二七）年三月、川村さんは約二〇年間勤めた自衛隊を辞めた。

東日本大震災時の災害派遣でやりがいを感じ、がんばっていこうと思った矢先に、自衛隊が急に違う方向に進み始めたのを感じたのが理由だという。

「一言で表現すると『自衛隊も米軍と同じようになるの？』という感じです。小銃につける銃剣も常時刃を研ぐようになったり、訓練もより実戦的になって戦闘員としての高い意識を求められるようになりました。でも、それは日本の平和のためではなくて、ただアメリカに乗っかっていこうとしているように思えたのです」

川村さんは、アメリカの戦争に自衛隊が参加することには賛成できないと話す。

「自衛隊の中にも、中東の人をみんな『テロリスト』のように見なして、アメリカと一緒に戦って悪い奴《やつ》らをやっつけなければいけないという意見の人もいます。でも、自分たちの国の資源を奪いにやってきた外国や、自分の家族を殺した外国軍隊に銃を持って立ち上がった人たちが、本当に日本にとって『敵』なのでしょうか。僕にはそうは思えない。それに、アメリカと一緒に戦えば日本も攻撃の対象となる。日本がこれまで七〇年間、なぜ平和だったのかと考えても、他人の国に行って武力を行使すべきではないと思います」

川村さんにとって決定的だったのは、二〇一四（平成二六）年七月一日に行われた集団的自衛権行使を容認する閣議決定だった。

「自衛隊という組織は大好きだから、辞めたくない気持ちはいっぱいありました。でも、これまで専守防衛のための仕事ならできると思ってやってきましたが、これからはアメリカの戦争に巻き込まれるな、と。それに僕が武器を持って行くのは、やはりできないと思ったのです」

政府が集団的自衛権行使を容認する閣議決定を行った二〇一四年以降、自衛隊の退職者が増えている。

防衛省によれば、二〇一四年度の自衛隊の総退職者数は一万二五〇〇人で、二〇一三年度（一万一九三九人）より五〇〇人以上増えている。

志願者減少の理由に「集団的自衛権」

二〇一四年度は退職者が増えただけでなく、志願者も軒並み減った。

「任期制」隊員の志願者は、二〇一三年度の三万三五三四人から二〇一四年度は三万一三六一人と二〇〇〇人以上減少。「非任期制」でも、一般曹候補生が三〇〇〇人以上（三万四五三四人→三万一一四五人）、一般幹部候補生が五〇〇人以上減少した（九〇七七人→八五一五人）。「任期制」隊員では、「採用目標」を達成するために年度末ぎりぎりまで募集を実施した。

志願者が減少している理由について、防衛省はマスコミの取材に「景気回復で民間雇用が増えたため」と説明し、集団的自衛権行使容認の閣議決定の影響について否定している（「毎日新聞」二〇一四年一一月二〇日）。

しかし、自衛隊内部の自衛官募集に関する会議では、集団的自衛権行使容認の閣議決定が志願者の減少に影響していることが報告されている。

筆者は、防衛省に情報公開請求を行い、二〇一五年四月に開催された九州・沖縄地方の地方協力本部長会議（地方協力本部とは、自衛官募集業務を行う陸・海・空自衛隊の共同機関で全国五〇ヵ所に置かれている）の説明資料を入手した。

これによると、二〇一四年度は陸上自衛隊の「任期制」隊員の募集で、九州・沖縄地方八県中五県で目標を達成できなかった。各県の地方協力本部が未達成の原因を分析しているが、たとえば目標を三割以上下回った大分地方協力本部は、「企業の雇用状況改善」とともに「集団的自衛権に関する報道」を要因に挙げている。そして、二〇一五年度の募集にあたっては、募集対象者やその家族の不安を取り除くために、安保法制に関する説明資料を作成し、「理解増進」の必要があると記している。

二〇一五年七月一七日の「毎日新聞」の報道によれば、二〇一五年度の一般幹部候補生の志願者は七三三四人（速報値）と、二〇一四年度からも一〇〇〇人以上減少したという。二〇一四〜二〇一五年度の二年間で、約二割（一七四三人）も減少していることになる。

イラク派遣でも募集・退職に影響

これまでも、自衛隊の仕事の危険性がクローズアップされたことで、自衛官募集に影響が出たことはあった。

二〇〇三（平成一五）年七月にイラク特措法が国会で可決・成立すると、陸上自衛隊への志願者が前年度から大幅に減った。

「任期制」では、前年度に比べ海上自衛隊は六六八人、航空自衛隊は七八八人志願者が増えた一方、陸上自衛隊は一三三九人も減らしている。少なくない志願者が陸上自衛隊を敬遠して、海上自衛隊と航空自衛隊に志願したことが見てとれる。

当時、九州地方の高校で進路指導担当をしていたある教員は、例年と比べて志願者が少ないと感じ、学校を訪れた自衛隊の広報官（リクルーター）に「イラク派遣の影響が出ているのでは」と尋ねてみたという。すると広報官は「やっぱり（志願者が）減っています

【図表1】自衛隊の中途退職者（依願退職）数の推移

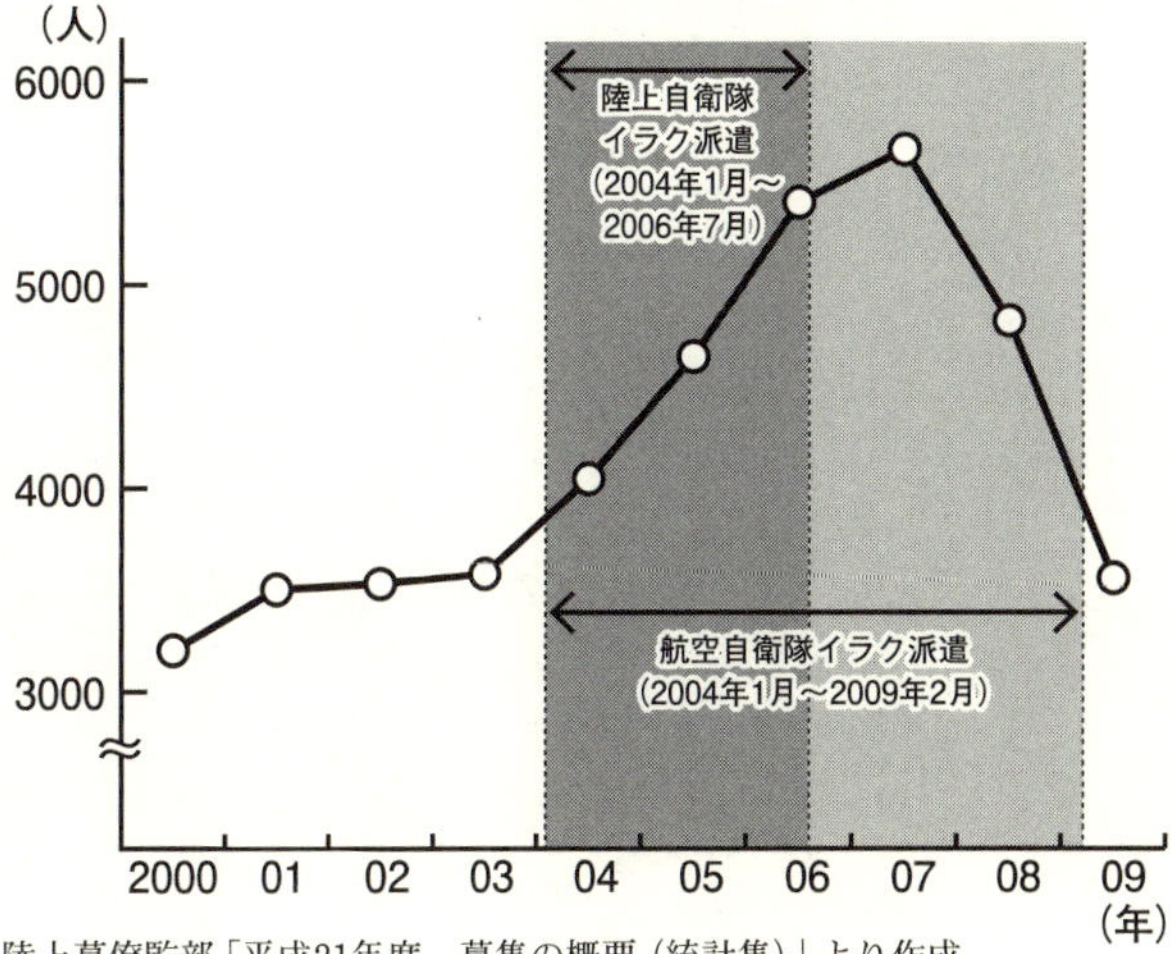

陸上幕僚監部「平成21年度　募集の概要（統計集）」より作成

ね。特に、自衛官の家族からの応募が減りました」と答えたという。

また、自衛隊の中途退職者（依願退職）の数も、二〇〇一年度から二〇〇三年度は年間三五〇〇人前後で推移していたのが、二〇〇四年度に五〇〇〇人以上増えて四〇〇〇人超となり、二〇〇五年度にはさらに五〇〇〇人以上増えて約四六〇〇人になり、二〇〇六年度には七〇〇〇人以上増えて約五四〇〇人に達した（図表1）。

「非戦闘地域」での「人道復興支援活動」であったイラク派遣ですらこれだけの影響が出ていたのだ。これが、集団的自衛権の行使で海外で武力行使するようになったり、ＰＫＯなどで治安維持活動にも乗り出して誰の目にもその危険性が明らかになれば、もっと大きな影響が出るに違いない。

かつて防衛庁で人事教育局長も務めた竹岡勝美氏は、共著書の中でこう断言している。

集団的自衛権の行使を認めれば（中略）米兵を守るため相手国の兵士と殺し合わなければなりません（ベトナム戦争では五万人の韓国兵が派兵され、数千人の兵士が殺傷されたといいます）。今、自衛隊員が安全なインド洋や非戦闘地域のイラクに派遣されるというだけでも、見送る自衛隊員の家族は、涙を流してその無事を祈っているではないか。それが外地で戦う米兵を守るために殺されたとなれば、その、自衛隊員の家族は黙っているだろうか。自衛隊員の離隊が続出し、志願者は激減するでしょう。

（『我、自衛隊を愛す　故に、憲法９条を守る──防衛省元幹部３人の志』かもがわ出版、二〇〇七年）

少子化で隊員確保困難に

【図表2】18歳人口と自衛隊募集適齢人口の推移（男子）

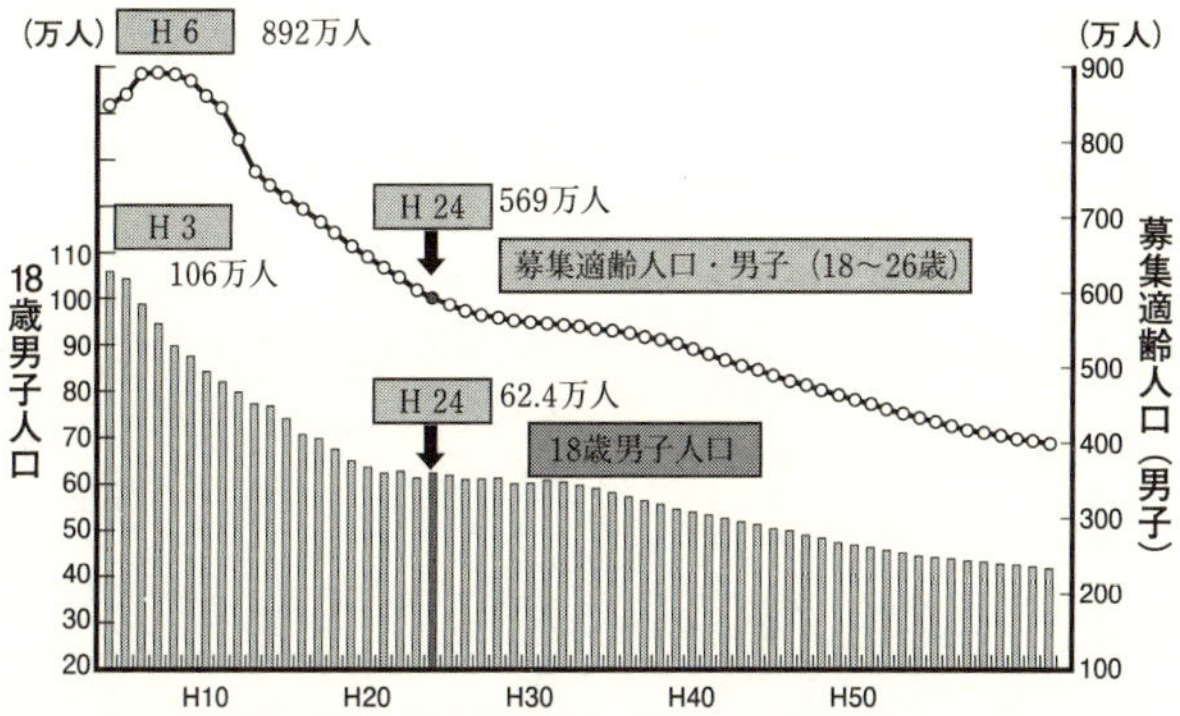

総務省統計局「我が国の推計人口」、国立社会保障・人口問題研究所「日本の将来推計人口」より作成

そもそも、集団的自衛権行使が容認されなくても、急速に進む少子化によって自衛官募集は厳しくなるというのが防衛省・自衛隊の認識である。

少子化についていえば、自衛隊が「募集適齢者」と呼ぶ一八歳から二六歳までの男子の人口は、ピークとなった一九九四（平成六）年の約八九二万人から二〇一二年は約三六％減の約五六九万人にまで減っている。

さらに、二〇四〇（平成五二）年頃には、一八歳男子人口が現在の約三分の二（約四〇万人減）になるという政府機関の推計もある（図表2、国立社会保障・人口問題研究所「日本の将来推計人口」二〇一二年一月）。

陸上自衛隊東部方面総監部の「将来施策検討グループ・募集分科会」が自衛隊の部内誌に寄せた論文には、こう記されている。

このまま、対象となる若者の数が大幅かつ継続的に減少していくと、近い将来には、「人材を必要数確保することができない」、即《すなわ》ち、「募集目標の達成ができなくなる」時期が訪れるのではないかという危惧《きぐ》がある。（修親刊行事務局『修親』二〇一四年一二月号、「将来の厳しい環境下における募集のための施策について」）

自衛隊の任務がこれまで通りでも、急速な少子化により今の態勢を維持するのが困難になると予測しているのだ。今後、仮に海外で「戦死者」が出るような事態になれば、自衛官募集が行き詰まることは火を見るより明らかである。

奨学金返還延滞者を自衛隊に？

二〇一四年五月二六日、文部科学省内の会議室で開かれた「学生への経済的支援の在り

【図表3】大学学部生（昼間部）の奨学金受給率

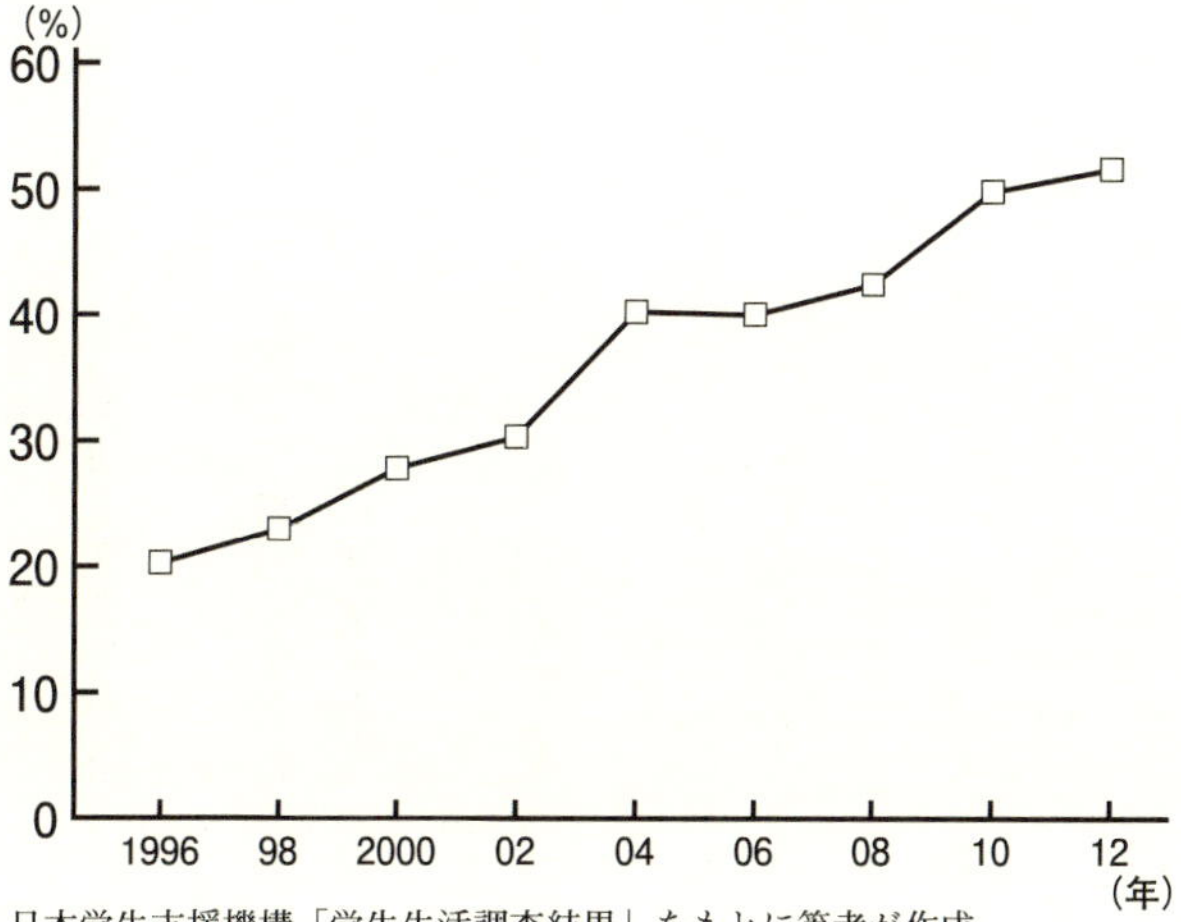

日本学生支援機構「学生生活調査結果」をもとに筆者が作成

方に関する検討会」。この日は、奨学金の「返還困難者対策」が一つの議題となった。ここで検討会メンバーである前原金一・経済同友会専務理事（当時）が発言したことが、世間の注目を集めることとなる。

前原氏は、無職が原因で奨学金返済を延滞している若者について、「現業を持っている警察庁とか、消防庁とか、防衛省などに頼んで、一年とか二年のインターンシップをやってもらえば、就職というのはかなりよくなる。防衛省は、考えてもいいと言っている」と提案したのである。

この発言を「東京新聞」が、「貧困層に『経済的徴兵制』？　奨学金返還に『防衛省で就業体験』」（二〇一四年九月三日）と報じ、集団的自衛権行使容認の問題とも相まって世間の注目を呼んだ。

今や、昼間の四年制大学に通う学生のうち、奨学金を受けている割合は五二・五％（日本学生支援機構「二〇一二年度学生生活調査」）と半数を超えている（前ページ図表3）。二〇年前と比べたら倍以上に膨らんでいる。いま奨学金を借りると、卒業時に背負う借金は、大学生で平均約三〇〇万円、大学院まで進学すると多いケースで一〇〇〇万円にも達するという。

しかも、それだけ借金を背負って大学や大学院を卒業しても、安定した職に就ける保証はまったくない。政府の調査によれば、現在、全労働者の約三七％がパート、アルバイト、派遣社員などの非正規雇用となっている（総務省「労働力調査」二〇一五年七月）。正社員が「狭き門」となるなか、大学・短大などを卒業した三〇～五〇代の三分の一以上が、年収三〇〇万円以下の賃金で働いているのが現実である（総務省「就業構造基本調査」）。

安倍首相は、アベノミクスで雇用が一〇〇万人以上増えたと言うが、増えたのは非正規雇用（一七八万人増）で、正規雇用は逆に五六万人減っている。

前出の検討会では、奨学金返還延滞者の一八％が「無職」であることも明らかにされた。

前原氏は、延滞者を減らす方法として、この無職の人たちを一〜二年間の期間限定で自衛隊に受け入れてもらい、就業させることを提案したのである。そうすれば、延滞者も減らせるし、若者たちの職業訓練にもなるというわけだ。

大学進学より自衛隊

一方、大学に進学しても借金を背負うだけで安定した職にも就けないのなら、最初から別の道を選ぼうという高校生もいる。

坂本えりなさん（仮名）が高校卒業後の進路に自衛隊を選んだ一番の理由は、「親孝行がしたかったから」だと話す。坂本さんの家は母子家庭で、女手一つで自分を育ててくれた母親に、大学進学などでこれ以上の負担はかけたくなかった。

高校卒業後の進路に自衛隊を考えるようになったきっかけは、母親の一言だった。

ある日、母親が「自衛隊って給料も悪くないし、資格もいろいろ取れるみたいだよ。あなたも自衛隊に入ったら？」と勧めてきた。どうやら、自衛官の息子を持つ知人から話を聞いたようだった。

自衛隊についてはまったく知識がなかったが、それから自分でインターネットを使って調べたり、広報官から直接話を聞いたりして、最後は自分で決めた。母親も、その選択を喜んでくれたという。

「今の時代、大学に行っても安定した職に就けるとは限らないし、自衛隊だったら給料をもらえて自由にお金が使えるし、親にも負担をかけなくてすみます。休みも保証されているし、寮生活で食事も出るからお金がかからないし、タダで資格も取得できてかなり親孝行だと思ったから決めました。体を動かすのが好きな自分に向いていると思ったし、精神面も部活動で鍛えたのでやっていく自信もありました」（坂本さん）

国立大学の学費は、一九七〇（昭和四五）年には年額一万二〇〇〇円だった。それが今では学費の安い文科系学部でも五〇万円を超えている。もちろん物価も上がっているが、「消費者物価指数（総合）」では、二〇一三（平成二五）年を一〇〇としたら、一九七〇年は三二・六である。物価が約三倍になっているのに対して、国立大学の学費は約四五倍に跳ね上がっている。

ここまで学費が高騰した原因は、歴代の自民党政権が、「大学教育を受けることで学生個人も利益を得るのだから、その分は個人負担すべき」という「受益者負担」の方針をとってきたからだ。その結果、日本のGDPに占める高等教育予算の比率は〇・六%と、OECD（経済協力開発機構）参加国の中で最低レベルとなってしまった（OECD資料）。一方、家計の中で教育費が占める割合は三〇・五%と、OECD参加国中四番目に高くなっている。

このように、歴代自民党政権の新自由主義的な政策によって憲法や教育基本法の定める「教育の機会均等」は骨抜きにされ、大学に進学することは学生にとっての「リスク」になってしまった。

政府が作り出したこのような状況を前提に、自衛隊はいかに若者をリクルートするかを考えている。

前出の陸上自衛隊東部方面総監部「将来施策検討グループ・募集分科会」による論文でも、「中・長期的に取り組むべき施策」として、「自衛隊をキャリアアップのステップとしても活用できる枠組みの創設」を挙げている。

具体的には、①自衛隊部内での特技（資格）を公的資格にする、②大学修学環境の整備、③自衛隊勤務経験を評価した公的機関での採用、などだ。

論文は、こうした施策が制度化されれば、「『人生の明確な目標が未《いま》だ決まっていないので、大学や専門学校に行くより自衛隊でキャリアアップをした方が良い』と考える若者も増えると思われる」「自衛隊にとっては、多くの志願者を集められ、企業にとっても、任期満了者をキャリアアップして付加価値の高い人材として獲得できるため、両者にとって大いに価値ある枠組みとなる」と記している。

政府の政策により大学進学の選択肢を奪われた若者を、経済的な利点を餌《えさ》にして軍隊に誘導する――まさに「経済的徴兵制」である。

貧者の命を「消耗」する戦争

「経済的な利点を餌にしてリクルートするのは、民間企業でも普通にやっていることでは？」と思う人もいるかもしれない。

しかし、自衛隊も含めて国防を担う軍事組織（つまり「軍隊」）には、民間企業と決定的に異なる性格がある。それは、「国家の命令により命を懸けなければならない仕事」だという点だ。

第一章で詳しく述べるが、二〇〇〇年代の中頃、アフガニスタンとイラクでの「対テロ戦争」が泥沼化し、米兵の犠牲者がうなぎ上りに増えていった時期のアメリカは、まさに「経済的徴兵制」だった。

大学に進学するための資金も医療保険も持たない貧困層の若者たちが、それらを得るために軍に入隊し、アフガニスタンやイラクの戦場に送られて負傷したり命を落としたりした。幸運にも生きて帰還しても、PTSDなどで苦しみ、家族やコミュニティから孤立し、除隊後も仕事に就けずホームレスとなる者も少なくない。米住宅都市開発庁などの調査によれば、二〇一四年一月現在、約五万人の退役軍人が路上生活を送っているという。

戦争は、大量の武器や弾薬とともに人間の命も消耗する。そして、消耗される命のほとんどは、愛国心に燃えた富裕層の若者ではなく、教育を受けたり病院にかかったりする基本的な権利すら奪われている貧困層の若者なのである。

イラクで誤って無辜《むこ》の子どもを撃ち殺してしまい、アメリカに帰還、除隊後もPTSDに苦しむ元海兵隊員にインタビューしたことがある。

彼が海兵隊に入ったのは、なにもイラク人と戦争がしたかったからでも、とりわけ愛国心が強かったからでもなく、「家が貧しかったから」だ。彼の家は母子家庭であった。高校を卒業して自動車エンジニアを志したものの、大学に進学するために必要なお金は、彼の家にはなかった。夢をかなえるための唯一の手段が、軍に入ることだったのだ。

海兵隊のリクルーターの経験もある彼は「貧しい若者たちを軍に勧誘するのは簡単」と語る。彼自身がそうだったように、貧困から抜け出そうと思えば、それしか選択肢が見つからないからだと話す。

このように、貧しい若者たちの命を「消耗」することで成り立っているのが、アメリカが続ける戦争なのである。この国では、巨大な貧困が巨大な戦争を支え、巨大な戦争がさらに巨大な貧困をつくり出している。

日本は、そのアメリカの後を追うように新自由主義的な構造改革を推し進め、かつては「一億総中流」と言っていたのが、気付いたらあっという間に世界有数の格差社会になってしまった。

そして、今度は、海外で武力行使はしないという「専守防衛」のストッパーを外し、軍事でもアメリカの後を追いかけようとしている。

日本も、アメリカのように「貧しい若者の命を戦争で消耗する国」になってしまうのか。

「経済的徴兵制」の足音は、すぐそこまで近づいてきている。

第一章

徴兵制から「経済的徴兵制」へ
——アメリカ・ドイツの場合

全米数千ヵ所に設置されている軍のリクルートステーション
（米軍ウェブサイトより）

徴兵制をやめる欧州諸国

現在、世界で六〇ヵ国以上が徴兵制を採用している。

日本の近隣国では、韓国、北朝鮮、台湾、ロシアが徴兵制を敷いている。中国は実質志願制になっているが、制度としての徴兵制は存在している。一方、ヨーロッパでは冷戦終結以降、徴兵制を廃止あるいは停止する国が相次いでいる。ベルギー（一九九四年、以下カッコ内は各国が徴兵制を廃止ないし停止した年）、オランダ（一九九六）、フランス（二〇〇一）、スペイン（同上）、イタリア（二〇〇四）、ポーランド（二〇〇九）、スウェーデン（二〇一〇）、ドイツ（二〇一一）などが徴兵制から志願制に切り替えた。

アジアでも台湾が二〇一五（平成二七）年から完全志願制に移行する予定だったが、二〇一三（平成二五）年に発覚した隊内でのいじめ死亡事件の影響などで志願者が激減し、移行は二〇一七（平成二九）年まで延期された。

冷戦終結後、徴兵制をやめる国が増えているのはなぜか？　ここではまずドイツのケースを見てみよう。

ドイツでは一九五六（昭和三一）年に徴兵法が制定され、一八歳以上の男性に兵役義務が課せられた。当時のテオドール・ホイス大統領は「徴兵制は民主主義の正統な子である」と述べ、ナチスのような軍事政権の暴走を繰り返さないための手段として徴兵制を位置づけた。職業軍人だけでなく、「軍服を着た市民」を入れることによって、軍が市民社会から乖離《かいり》しないようにしたのである。

戦前の反省に基づくこうした強い理念がありながら、それでも志願制に切り替えたのは、国防費削減という財政上の理由に加えて、軍の役割の変化に徴兵制が合わなくなってきたからだ。

かつての西ドイツ軍の任務は国土防衛と、加盟するNATO（北大西洋条約機構）の共同防衛に限定されていた。NATOの任務についても、域外への派遣は明確に禁止していた。それが変わったのは、東西ドイツの統一と冷戦終結後である。

軍の任務の中心は、冷戦期の防衛的なものから、九〇年代前半のカンボジアやソマリアでのPKO（国連平和維持活動）への参加を皮切りに海外での活動に移っていった。活動内容も、当初の人道支援・後方支援中心から、アフガニスタンで行ったように治安維持活動や特殊部隊による対テロ戦などにまで拡大している。

こうした任務に対応するには、高度化した兵器や情報システムに習熟した少数精鋭の機動的な軍隊が求められる。徴兵制停止に当たって、デメジエール国防相（当時）も「今後の志願兵は、プロとして十分に訓練された精鋭部隊にする」と語った（「毎日新聞」二〇一一年七月四日）。

確かに、ソ連を中心としたワルシャワ条約機構の強大な軍隊と対峙《たいじ》していた冷戦期には、平時から五〇万人近い大規模な軍隊を保持し、有事の際にはさらに必要な兵力を補充するために徴兵制は有用であった。

しかし、周辺国の侵略の可能性がほとんどなくなり、国際的な活動が中心任務となった現在、徴兵期間が短い（かつては最長で一八ヵ月だったが、徐々に短縮され最後は六ヵ月に）〝素人〟の兵士は不要と判断されるようになったのだ。

一方で、正確に言うと、ドイツの徴兵制は「廃止」ではなく「停止」された。平時には志願制でやっていくが、有事の際はいつでも徴兵制を復活できるように、憲法上の規定は残されている。同じように、有事徴兵制を敷いている国は少なくない。

アメリカの徴兵制

アメリカは、これらの欧州諸国より一足早く、一九七三（昭和四八）年に選抜徴兵制から完全志願制に切り替えた。

そもそもアメリカは、独立以来、平時の軍隊は志願兵でまかなうのを原則としてきた。合衆国憲法には兵役義務の規定はなく、戦争など国家の緊急事態の時に限って、必要に応じて特別立法で徴兵制を敷いてきた。

また、常備軍は必要最小限しか保持しないということも基本方針としてきた。これは、平時における強大な常備軍は、権力者の人民抑圧の道具になるとして嫌悪してきたイギリスの伝統を受け継いだものであった。独立戦争中の一七七六年に制定されたバージニア権利章典でも、「民兵こそ自由な国家にふさわしい防衛である。平時における常備軍は自由にとって危険であり忌避されるべきである」とうたわれている。

ここでいう「民兵」とは、自ら武装した人民のことを意味する。独立戦争前のイギリスの植民地時代、入植者たちは先住民から家族や共同体を守るために自ら武器を手に取った。

民兵の大半は農民で、一分間で農具を銃に持ち替えて駆けつけることから「ミニットマン」とも呼ばれた。一方、耕作や収穫などのために長期の戦闘には参加できないという一面もあった。

アメリカ独立戦争（一七七五～八三年）では、イギリスの正規軍と戦うために、一三の植民地の統一された正規軍「大陸軍」が志願兵によって編成されるが、その戦力は限定的で各地の民兵の支援がなければ戦えなかった。この大陸軍も、独立が達成されると解散した。こうした歴史からも、民兵こそがアメリカ軍隊の主流であった。

現在も、合衆国憲法は「規律ある民兵は自由な国家の安全保障にとって必要であるから、国民が武器を保持する権利は侵してはならない」（修正第二条）と国民の武装権を保障している。この民兵を州ごとに組織しているのが州兵（National Guard）で、常備軍である連邦軍とは区別されている。

現在は強大な常備軍を保持し続けているアメリカだが、一九三九（昭和一四）年に第二次世界大戦が勃発《ぼつぱつ》する前は、米陸軍の兵力は志願兵一八万五〇〇〇人に過ぎなかった。現在の陸上自衛隊が一四万人だから、これに毛が生えた程度の規模であった。しかし、大戦の火ぶたが切られると、一九四〇（昭和一五）年に「選抜徴兵法」が制定され、一九四五（昭和二〇）年の終戦までに約一〇〇〇万人が徴兵された。

ベトナム戦争と徴兵制廃止

第二次世界大戦の終結後、アメリカ政府は一二〇〇万人まで膨らんでいた米軍の兵力を三〇〇万人まで削減した。選抜徴兵法も一九四七（昭和二二）年に廃止され、志願制に戻った。

しかし、ソ連を中心とする社会主義陣営との「冷たい戦争」が激化しつつある世界情勢の中で、米軍が必要とする数の志願者が集まらなかったため、一九四八（昭和二三）年には再び選抜徴兵法が制定された。

その後、選抜徴兵法は延長と修正を重ね、ベトナム戦争では一九〇万人が徴兵された。国内でベトナム戦争への批判が高まり、反戦運動が高揚するのとあわせて、選抜徴兵制への不満も強まっていった。良心的兵役拒否者だけでなく、徴兵カードを公然と焼き捨て投獄される若者も続出した。ベトナム戦争中に徴兵拒否で起訴された者は、二万五〇〇〇人に達した。

当時すでにプロボクシング・ヘビー級の世界チャンピオンだったモハメッド・アリが徴兵カードを焼き捨てて、チャンピオンベルトとライセンスを剥奪《はくだつ》されたのは有名な話だ（その後、最高裁で無罪となって復帰し、見事世界チャンピオンに返り咲いた）。

選抜徴兵制への最大の不満は、その不公平性であった。選抜徴兵法は、一九歳から二六歳（一九六九年の修正で一八歳から三五歳に拡大）の男性に連邦選抜徴兵登録庁への徴兵登録を義務付け、選抜された徴兵者を兵役に就かせた。一方、「効果的な国家経済の維持に反しない」（同法）ように選抜するとして、大学院生や科学者、教員、重要産業の技術者などに徴兵猶予を認めた。大学生も卒業するまで徴兵を延期した。

その結果、大学や大学院に進学することのできる一定の経済的条件のある者たちが徴兵を免れ、戦争の負担はそうではない者たちに偏った。一九六四（昭和三九）年に国防総省が二七歳から三四歳までの男性を学歴別に調査したところ、大学院卒で軍に入隊した者は二七％だったのに対し、高卒では七四％に達した。

一方、志願制に切り替えた場合、いっそう不公平になると徴兵制廃止に反対する連邦議会の議員もいた。

ケネディ元大統領の弟でリベラル派のエドワード・ケネディ上院議員は「志願兵になるのは貧乏人だけで、金持ちの起こす戦争を貧乏人が戦うことになる」と反対した。

フランスのパリでベトナム和平協定が調印された一九七三年一月二七日、ニクソン大統領（当時）は、選抜徴兵制の廃止と全面志願制への切り替えを表明した。徴兵制を廃止する理由を、当時のニクソン大統領は次のように述べている。


朝鮮戦争はおそらくアメリカにとっての最後の通常戦であろう。アメリカが準備しなければならない将来の戦争は、徴兵制のまったく役に立たない全面核戦争か、またはゲリラ戦である。ベトナム戦争を通じて学んだ教訓の一つは、ゲリラ戦遂行のためには高度に訓練され職業意識に燃えたプロの軍隊が必要だということであり、そのために徴兵制は不適当である。徴兵制を廃止することにより、少数精鋭の軍をもって現在より高い国防力を保持することができる。

アメリカの徴兵制廃止の背景にも、やはり大規模な通常戦（国家間の正規軍同士の戦争）が起こる可能性の低下と、「量より質」を重視する少数精鋭志向があった。

イラク戦争と徴兵制復活法案

時をおいてイラク戦争開戦直前の二〇〇三（平成一五）年一月、野党（当時）・民主党の議員から徴兵制を復活させる法案が連邦議会に提出された。

法案の正式名称は「一般的兵役法案（Universal National Service Act of 2003）」。民主党のチャールズ・ランゲル下院議員とアーネスト・ホリングス上院議員が中心になってとりまとめたこの法案は、一八歳から二六歳までのアメリカ国民と永住者の男女を選抜して徴兵し、二年間の軍務に就かせるものであった。

ニューヨークのハーレム出身の黒人議員で、自身も陸軍兵として朝鮮戦争に従軍した経験を持つランゲル氏は、徴兵制復活法案を提出する理由を次のように語った。

「イラク戦争は、貧しい人々やマイノリティに対する『死』という名の課税である。これまでの戦争でも、戦死者は黒人とヒスパニック系の比率が高く、彼らの多くは経済的困難から脱出するために軍に入隊している」

ランゲル氏は、イラク攻撃を容認する決議に賛成した連邦議会議員のうち、軍務に就いている子弟を持つ者はひとりしかいないと指摘し、議員や政府の高級官僚、大企業のCEOなどの子弟たちが危険な状況に置かれるのであれば、彼らはもっと開戦に慎重になるはずだと主張した。

実際、米軍は黒人の比率が高い。二〇〇二（平成一四）年の統計によれば、入隊適齢者人口のうち黒人の割合は一三％だが、米兵の中では二二％（男性では二〇％、女性では三四％）を占める。とりわけ陸軍は多く、二八％が黒人だ。

「ワシントン・ポスト」紙は二〇〇五（平成一七）年、「軍に引き寄せられる農村の若者たち」と題する記事を掲載した（Youths in Rural U.S. Are Drawn To Military/Washington Post Friday, November 4, 2005）。イラクやアフガニスタンでの戦死者の増大で新兵の確保が難しくなるなか、入隊者の多くが所得の少ない地方の貧しい地域出身であるという内容だ。

マサチューセッツ州に拠点を置くNGO「国家優先プロジェクト（National Priorities

Project)」が国防総省の統計を元に計算したところ、二〇〇四（平成一六）年に入隊した新人のほぼ三分の二は、一世帯当たりの所得が全米の中央値より低い郡の出身であった。また、新兵採用数トップ二〇の郡のすべてが、一世帯当たりの所得が全米の中央値より低かった。

こうした状況を不平等だと批判し、「戦争の負担は、人種や貧富に関係なく公平に分かち合うべき」と問題提起したランゲル氏らの徴兵制復活法案だったが、これが連邦議会で可決されることはなかった。

しかし、二〇一〇（平成二二）年までアフガニスタン駐留米軍の司令官を務めたスタンリー・マクリスタル元陸軍大将も同様の問題提起を行っている。

マクリスタル氏は退役後の講演で、「志願制によるプロフェッショナルな軍隊は全国民を代表しておらず、アメリカが再び長期の戦争をする場合には徴兵制度を復活させるべきだ」「国家が戦争をする時は、すべての町と都市（の人々）がリスクを負うべきだ。そうすれば、全国民が（開戦の）決定に参加するだろう」と語った。

志願理由のトップは「奨学金」

アメリカの若者が軍に志願する理由のトップは堤未果氏が『ルポ　貧困大国アメリカ』でレポートしているように、「奨学金」と「医療保険」である。そして、軍のリクルーターはそれらを〝餌〟にして貧困層の若者たちを軍に勧誘している。堤氏は同書にて、その実態も詳しく紹介している。私も堤氏の著書を読んでから調べてみたが、米軍があまりにも明け透けにそれらの経済的利点をアピールしていることに驚いた。

たとえば、陸軍の新兵募集の公式ウェブサイトを開くと、「給料・諸手当」「教育」「医療」といった福利厚生が目に飛び込んでくる。

「教育」の項目には、兵士向けのさまざまな奨学金制度が紹介されている。その中で最も利用者が多いのが「モントゴメリーＧＩビル」である。

これは、第二次世界大戦末期の一九四四（昭和一九）年に制定された復員兵援護法に基づくもので、一定期間以上軍務に就いた者に大学の学費や職業訓練を受けるための費用を給付する。この制度ができたことで、それまで一部の富裕層しか入ることのできなかった大学に大量の復員兵が入学し（二年間で一〇〇万人以上が入学し、一九四七年には全米の学生の半数は復員兵が占めた)、その後のアメリカの中流階級形成の原動力になったといわれている。

現在は、入隊後最初の一年間に毎月一〇〇ドルを納めれば、二年以上の軍務で受給資格が生まれ、任期に応じて最大約六万ドルの奨学金をもらえる。

軍のリクルーターは大学進学を希望する高校生に、例えばこう語りかける。

「今、大学生の多くは学費を稼ぐためにアルバイトをたくさんしており、四年で卒業するのが難しくなっている。卒業まで長くかかれば、それだけ学費も多くかかる。教育ローンを借りても、数万ドルから一〇万ドル以上の借金ができる。それだったら、数年間軍に入って奨学金をもらった方がいいのでは?」

実際、アメリカでは学費が高騰し、経済的な理由で大学を中退する学生が増えている。教育省の調査でも、二〇〇四年に高校三年生だった大学進学者で中流階級出身(世帯の年収が四万六〇〇〇~九万九〇〇〇ドル=約五五〇万~一一八〇万円)の人のうち、二〇一二(平成二四)年までに卒業したのは四割だけであった。また所得の低い層では約二割だったという(CNN、二〇一五年三月二五日)。

教育ローンの残高は全米で一兆一二〇〇億ドルに達し、家計債務の中では住宅ローンに次いで多い。債務不履行も一〇%を超えている。

こうした状況では、先のリクルーターの勧誘も説得力を持ってくる。

アメリカ政府は二〇〇八（平成二〇）年、「モントゴメリーGIビル」に加えて、「ポスト9・11GIビル」という奨学金制度を新設した。米同時多発テロ事件のあった二〇〇一（平成一三）年九月一一日以降に九〇日以上軍務に就いた兵士を対象に、大学の学費全額に加えて、住宅手当や教科書などの必需品の費用まで給付するもので、権利を配偶者や子どもに譲渡することも可能になった。

奨学金の魅力をアピールする米軍ポスター

しかし、一方で、退役軍人の学生のうち八八%が初年度で退学し、卒業するのはわずか三%というコロラド・デンバー大学の研究レポートもある（NBC、二〇一二年七月二一日）。とりわけアフガニスタンやイラクからの帰還兵はＰＴＳＤなどで通学を継続するのが容易ではないという。

奨学金とともに常に志願理由の上位にあるのが、「医療サービス」である。

米軍には「トライケア（TRICARE）」という健康保険制度があり、軍に入れば本人だけでなく家族も軍の医療施設などで無料または低料金で診療を受けることができる。二〇一四（平成二六）年一月に「オバマケア」が施行されるまで、アメリカには国民皆保険制度がなかった。そのため、約五〇〇〇万人、国民のおよそ六人にひとりが保険に未加入であった。アメリカ公衆衛生協会は二〇〇九（平成二一）年、保険が無いために年間四万四七八九人が死亡していると報告した。

堤氏の『沈みゆく大国　アメリカ』（集英社新書、二〇一四年）で詳細に描かれているように、「オバマケア」の施行でアメリカも国民皆保険になったが、日本の国民皆保険制度と異なり、高齢者や低所得者などを対象とした一部の公的健康保険を除いて基本的に民間の健康保険に加入しなければならない。「オバマケア」施行後、保険料や薬代が高騰して庶民の家計を苦しめ、「医療破産」や病院の倒産も増えているという。

こうした状況の中で、軍の健康保険制度は、貧困層から中流層出身の若者たちにとって今なお魅力となっている。

経済危機に救われた新兵募集

イラクやアフガニスタンで米軍は、駐留に反対するゲリラの襲撃やＩＥＤ（仕掛け爆弾）などによる攻撃にさらされた。駐留が長引くにつれ米兵の死傷者はうなぎ上りに増え、それは新兵募集にも困難をもたらした。

二〇〇五年の秋、イラクでの米兵の死者が二〇〇〇人を超えた頃、米軍の新兵募集は一九七三年に志願制に移行して以来最大の困難に直面していた。

なかでも陸軍はこの年、八万人の採用目標を達成することができず、六七〇〇人も不足する事態となった。これに対して陸軍は、入隊時に支給するボーナスの金額を倍に引き上げ、年齢制限も三五歳以下から四二歳以下に引き上げた。さらに、採用基準も緩和し、健康に問題のある者や前科のある者も採用した。

その結果、新兵の質は著しく低下した。軍の新兵の質を測る指標には、高卒隊員の比率と入隊試験の得点の分布がある。高卒隊員の比率は、二〇〇一年には九〇％だったのが二〇〇七（平成一九）年には七九％にまで低下した。この年は、入隊試験で平均点以上の得点をとった新兵の比率は八〇年代以降で最も低い割合となった。

こうした危機的な状況を救ったのは、二〇〇七年の夏に始まったサブプライム住宅ローン危機と、翌〇八年秋のリーマン・ブラザーズ倒産によるリーマン・ショックであった。二〇〇九年には一転して、米軍は一九七三年の志願制移行以来初めて、予備役も含めてすべての軍種で採用目標を超過達成した。

二〇〇九年二月、ＣＮＮは「雇用消失で軍の新兵募集が急増」というレポートを報じた。イラクとアフガニスタンでの米兵の死者が四八〇〇人を超えたにもかかわらず志願者が増えている状況について、国防総省の報道官はＣＮＮの取材に「新兵募集は常に挑戦だが、厳しい雇用情勢は我々により多くの機会を提供する」と、リーマン・ショックが「追い風」になっていることを認めた。そして、「軍は、（民間に負けない）給料と充実した報酬のパッケージ、突出した教育の福利厚生、そして職業訓練とリーダーシップを提供する」と、軍の雇用条件の優位性を強調した。

このレポートでは、ニューヨークのマンハッタンにある新兵募集ステーションを訪れた二三歳の建設労働者の声も紹介している。この男性は、建設業界で吹き荒れているレイオフ（一時解雇）を心配していると語り、二人の子どもがいつでも病院にかかれるように軍への入隊を考えていると明かした。入隊後にイラクやアフガニスタンに派遣される可能性があるが、という記者の質問にはこう答えた。

「それはあまり心配していません。それより私は二人の子どものことが心配です」

ドイツでも「経済的徴兵制」

二〇一一（平成二三）年に徴兵制を停止して志願制に切り替えたドイツだが、新兵募集に苦しんでいる。ドイツ軍は毎年一万五〇〇〇〜二万人の新兵を採用するが、徴兵制停止以降、目標未達成が続いている。必要な新兵を確保するために、二〇一二年からは「海外任務には就かせない」という条件で応募資格を一八歳から一七歳に引き下げたが、それでも二〇一三年の採用人数は目標の八七％にとどまった。

ドイツでは、二〇〇二年一月から二〇一四年末までのアフガニスタン派遣で三五人が銃撃や自爆攻撃などによって戦死し、アメリカと同様、少なくない帰還兵がＰＴＳＤに苦しんでいる。こうした海外派遣の危険性やリスクも、新兵募集にネガティブな影響を与えているると指摘されている。

国防省は募集難を打開するため、二〇一四年一一月に「アメリカスタイル」のリクルートステーションをベルリン市内に開設したほか、インターネットやテレビ、新聞などのメディアでの広告・宣伝を強めている。募集のための広報予算は、二〇一一年の一六〇〇万ユーロから、二〇一四年には三〇〇〇万ユーロと倍近くに膨らんでいる。

リクルーターが若者たちにアピールするのは、やはり「軍に入れば、大学に行くチャンスと、さまざまな技術を習得するチャンスを手にすることができる。給料のほかに、衣食住と医療サービスが保証される」といった「経済的メリット」だ。

さらに国防省は二〇一四年、五年間で一億ユーロ（約一三〇億円）を支出して、軍の仕事をより魅力的なものにする施策を推進すると発表した。

具体的には、兵舎での生活をより快適なものとするため、兵士一人ひとりに薄型テレビを与え、インターネット環境も整備する。仕事と家庭が両立できるよう、保育サービスも充実させる計画だ。

第二章

自衛隊入隊と経済格差

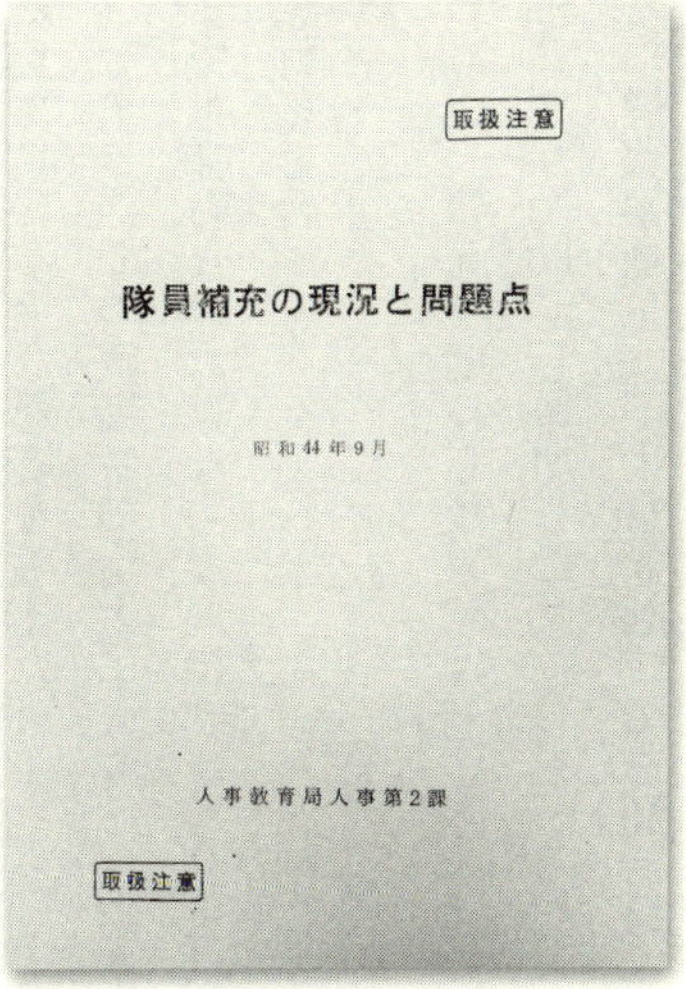

取扱注意

隊員補充の現況と問題点

昭和44年9月

人事教育局人事第2課

取扱注意

自衛隊への志願と経済格差・貧困との関連性を認めた内部資料（1969年）

世界不況で増えた志願者

前章にて述べたとおり、二〇〇八（平成二〇）年秋に発生したリーマン・ショックとそれがもたらした世界同時不況は、米軍の新兵募集に多大な影響を与えた。

アメリカではそれまで、アフガニスタンとイラクでの戦傷者の増大により、採用基準を引き下げて健康に問題のある者や前科者までも採らなければならないほど新兵募集は困難に直面していたが、景気悪化により一気に好転した。

日本でも、これと同様の影響が出ていた。

防衛大学校や防衛医科大学校なども含めて二〇〇九年度の志願者数は一〇万三六八〇人で、前年度の八万二六三七人から約二五％、二万人以上も増加した。

とりわけ、全採用者数の約半数を占める一般曹候補生（下士官候補）の志願者は二万五六七六人から四万三六三九人へと七割も増え、倍率も三・九倍から一〇・四倍へと跳ね上がった。

この年の自衛官募集について総括した陸上幕僚監部作成の内部資料（「平成二一年募集

の概要」）でも、志願者が大幅増加した主要な原因として、「景気悪化の影響」を明記している。

派遣先の倒産をきっかけに〈Aさんの場合〉

Aさんは二〇〇九（平成二一）年四月、陸上自衛隊に「2士」で入隊した。

高校卒業後、小売業に正社員として就職したが、長時間のサービス残業に休日返上は当たり前というういわゆる「ブラック企業」で、耐え切れずに半年間で辞めた。その後は派遣会社に登録し、インターネット回線契約の電話勧誘や家具・電化製品の配送・設置などの仕事を「日雇い」でやってきた。収入は日給で七〇〇〇～一万円程度で、なんとか暮らしていくことはできた。

ところが、不況で派遣先の会社が突如倒産し、仕事がめっきり減ってしまう。そんな時、自宅のアパートに突然、自衛隊の広報官が訪ねてきたという。どうやら、Aさんのことを心配した親戚が知り合いの広報官に紹介したようだった。

「アパートの玄関で、自衛隊の良いところしか言わない話術で誘われました。『勤務時間ははっきりしているし、休日も保証されている。ボーナスも必ず出る。食費、衣服代、住居代はかからないから貯金もできる。いろんな免許も取れますよ』みたいな（笑）。まぁ、当時は派遣で仕事もあまりなく将来に不安を感じていましたので、国家公務員である自衛隊はとても魅力に感じました。入隊に迷いはなかったですね」

しかし、実際に働いてみると、「あまり良い職場とは言えない」とAさんは言う。

確かに、以前働いていた「ブラック企業」のように体調を崩すほどの長時間残業はないが、「営内」と呼ばれる駐屯地内で生活していると、仕事以外のさまざまな「雑用」を先輩たちから言いつけられるという。

「個人的に先輩が忘れたこと、例えば、集合時間や翌日の仕事内容の確認、モノの返却とかですね。あとは、荷物持ちやコーヒーをいれるなども。一番辛《つら》いのは、消灯後にお酒を飲んでいる先輩がいたら、飲み終わるまで起きていて後片付けをしなければならないことです。一つひとつの雑用はたいしたことないのですが、稼業後にゆっくり気兼ねなく休めないのは辛いです」

そう話すAさんに「これからも自衛隊の仕事は続けていきますか」と尋ねると、こんな答えが返ってきた。

「先輩たちもこういう雑用を乗り越えてきたわけですし、いま辞めても、また不安定なフリーターに戻るだけですから……。私が自衛隊を辞めない理由は、安定性と将来性です。でも、それが無くなったら遠慮なく見切ります」

大学進学のため入隊したが……〈Bさんの場合〉

Bさんは、大学進学のために自衛隊に志願した。

中学卒業後、「とにかく一刻も早く家を出たかったから」と高校には進学せずに社会に出た。

「うちは父親の金遣いが荒く、毎日のように夫婦喧嘩《げんか》をしていて家庭崩壊のような状態でした。自分も中学時代、荒れていてほとんど学校には行っていませんでした。だから、高校進学どころではありませんでした。とにかく住み込みでも何でもいいから仕事を見つけて、早く家を出たいと思ったのです」

求人雑誌で「年齢、経験不問。住み込み可」といった条件の会社を探して応募してみるが、一五歳という年齢がネックになってどこも採用してくれない。結局、実家からコンビニなどのアルバイトに通うしか選択肢がなかった。

親の同意なしでアパートを借りることができる二〇歳になって、ようやく実家を出ることができた。仕事も、アルバイトから派遣会社の社員になり、収入も増えて生活にも少し余裕が出てきた。

実家を出たことで心にも余裕が出てきたBさんは、大検（大学入学資格検定試験）を受けて、大学進学を目指すことを決意する。

「やっぱり中卒だと仕事の選択肢も狭いし、『中卒じゃあたいした仕事もできねえだろ』などと馬鹿にされることも多かった。それに、基礎学力がなくて派遣の仕事をやっていても色々と苦労したので、一度しっかり勉強したいと思ったのです」

Bさんは派遣の仕事をしながら独学し、六年がかりで見事大検に合格する。すぐに、奨学金で大学に進学することも考えたが、先のことを考えると躊躇《ちゅうちょ》した。

「派遣社員という不安定な身分で奨学金を借りても、数百万円の借金を背負うことになりますから、将来それをちゃんと返せるのかなと考えて恐《こわ》くなってしまったのです」

結局、進学に必要な資金を蓄えてから受験することにした。

途中、将来に不安を感じ、派遣社員から正社員になろうともした。だが、採用された会社は、不幸なことに超ブラック企業だった。

「正社員で採用すると言っておきながら、雇用契約書はないし、社会保険もなく、一日一二時間近く働かされて給料はたったの八万円。社長に説明を求めたら、『そんなこと言うなら、いつでも辞めてもらっていいよ』と逆切れされました。仕事中ちょっとあくびを我慢する仕草をしただけで膝蹴《ひざげ》りが飛んで来たり、暴力もしょっちゅう。さすがに三ヵ月で辞めましたね」

何気なく自衛隊のウェブサイトを見たのは、こんな最悪の経験をした後であった。そこには、こんなことが書かれていた。

〈身分は特別職国家公務員で、福利厚生も充実。安定した生活基盤が魅力〉

〈希望者には、夜間高校、大学等への通学制度の道も開けています〉

生活も安定するし、大学にも通える。こんな願ったりかなったりの仕事はない——そう思ったBさんは、自ら地方協力本部に連絡して志願の意思を伝えた。担当となった広報官も「自衛隊は向学心がある人を応援する。行きたい大学があるのなら、希望を出せばその近くの任地にしてもらえる」と説明した。

だが、いざ入隊してみると希望は通らず、志望大学には通えない基地に配属された。上官に相談しても「みんな涙を飲んでいる。お前だけじゃないんだ」と突き放される。担当広報官に電話して「話が違う」と抗議すると、手のひらを返したように「公務員になれたんだから路頭に迷うよりいいでしょ。いま不景気だから、辞めたらもったいないよ」と軽く言われ、返す言葉が見つからなかったという。

結局、Bさんの異動の希望が通り、志望大学に通えるようになったのは、入隊から数年が経ってからであった。

志願理由は、国防より自己実現と経済的利点

紹介した二人は、いずれも自衛隊の待遇面に魅力を感じて志願している。このように、「経済的動機」から自衛隊に志願する若者は少なくない。

それは、防衛省が毎年志願者を対象に実施しているアンケートの結果からも言える。ア

ンケートは防衛省が今後の募集活動や広報戦略に活《い》かすために実施しているもので、結果は公表されないが、私は情報公開請求を行ってこれを入手した。

二〇一四（平成二六）年度のアンケートでは、任期制隊員・男子の志願理由（複数回答可）の順位は、①自分の能力や適性が生かせる、②国の平和に貢献したい、③興味や好みにあっている、④災害派遣で貢献したい、⑤国家公務員で安定している、⑥心身の鍛錬ができる、⑦技術の習得ができる、⑧給与・退職手当が良い——などとなっている。

一方、リーマン・ショックの影響が出た二〇〇九年度のアンケートでは、①自分の能力や適性が生かせる、②他に適当な就職がない、③興味や好みにあっている、④心身の鍛錬ができる、⑤技術の習得ができる、⑥給与・退職手当が良い、⑦国の平和に貢献したい、⑧災害派遣で貢献したい——の順になっている。

両年度のアンケート結果の最大の違いは、二〇〇九年度は「他に適当な就職がない」が二番目に多い志願理由となっている点である。アンケートの回答者二万一四二二人のうち五二九一人と、およそ四人に一人が選択している。一方、二〇一四年度に「他に適当な就職がない」を選択したのは、二万二五七人のうち、たったの二五六人しかいない。

また、二〇〇九年度は、「国の平和に貢献したい」や「災害派遣で貢献したい」といった自衛隊の仕事内容にかかわることよりも、「技術の習得ができる」や「給与・退職手当が良い」といった待遇面を志願理由に挙げた人が多くなっているのも特徴である。

この結果からも、二〇〇九年度は、不況によって選択肢を奪われた一定数の若者が経済的な要因で自衛隊を志願したことが読み取れる。

自衛隊の最大の役割である「国の平和に貢献したい」を志願理由に挙げたのは、二〇〇九年度は回答者の約一三%、二〇一四年度は約二八%と、それほど多くないのも自衛隊の特徴である。

この傾向は、任期制だけでなく、非任期制でもそれほど変わらない。二〇一四年度の一般曹候補生志願者のうち「国の平和に貢献したい」を志願理由に挙げたのは約二九%、幹部候補生でも約二八%にとどまっている。

世界各国の国民の価値観を調査・比較している「世界価値観調査」(日本では東京大学と電通総研が実施)の二〇一〇(平成二二)年の結果では、「もし戦争が起こったら国のために戦うか」という質問に「はい」と回答したのは、日本は約一五%と七八ヵ国中、断トツで最下位であった。この結果は、自衛隊の志願理由調査の傾向と一致している。ちなみに、アメリカは約五八％、中国は約七四％が「はい」と回答している。日本と同じく第二次世界大戦の敗戦国であるドイツは約四二％で下から八番目である。

安保法制の成立で、自衛隊の海外での任務は大きく拡大されたが、志願理由に「国際的な分野で貢献したい」を選択したのは、任期制で約七％、一般曹候補生で約七％、幹部候補生で約一一％（いずれも二〇一四年度）しかいない点も注目される。

自衛隊に入れば〝トク〟をする

自衛隊に志願する若者の多くが経済的動機を理由としていることは、今に始まった話ではない。

陸上幕僚監部の募集課は一九七一（昭和四六）年に全国の広報官の手記を集めた冊子「地連の星」（「地連の星」とは、自衛官募集で優秀な成績をあげた広報官を指す）を発行したが、その中からいくつか紹介してみよう。

ある広報官は、勧誘のポイントを「その人の希望、その人の目標をたくみに引きだし、これを如何《いか》に自衛隊に結びつけるか」だとし、次のような対話の例を挙げている。

「通信とか電機の方の学校へ行きたいんです」
「入学金納めたかい」
「まだです」
「そりゃ良かった。それなら自衛隊でやりなさい。無料でしかも給料をもらって技術を覚えられるのだから、そのぶんで大学へ行くのもよいし、また余暇を利用して自分で勉強もできる。免許なんていくら取っても荷物にはならない。このようなチャンスを自分のものにすることです」

また別の広報官は、北海道から単身上京して町工場で働いていた若者を自衛隊に入隊させた経験を記している。

その若者は最初、広報官に対し「上京して四年間も町工場で働いているが給料が安いのでお母さんに仕送りもできないこと。うす暗い工場の電灯の下で働いていると、時々将来が不安になること、なにか勉強したくても、残業が多くてできないこと」など三時間あまりに渡って悩みを吐露したという。

それに対して広報官が「（自衛隊に）入隊したら、きっとそのうちのいくつかが解決出来る」と話すと、疲れて元気のない顔をしていた若者の目が「急に輝いてきたのが印象に残っている」と記している。

そして、若者が自衛隊に入隊した後、北海道の母親から届いた手紙の一文を紹介している。

　町工場で働いていた頃は、ほんとうに不安でたまらなかったが、自衛隊に入隊したお陰で、いろいろな技術免許をとることができ、そのうえ最近は送金までするようになって、ほんとうに嬉《うれ》しく思っています。

こうした手記からも、かつての広報官たちがどのように勧誘し、若者たちがどんな動機で自衛隊に志願したのかがうかがえる。

青少年の入隊と貧困

自衛隊が発足した一九五四（昭和二九）年、防衛庁は将来の技術下士官を育成すべく、「少年自衛隊（自衛隊生徒）」制度を創設した。

中学校を卒業した一五歳以上一七歳未満の少年を3士（3等兵）として入隊させ、四年間専ら教育訓練のみを受けさせる制度だ。当時の募集要項には「将来特殊の技術（武器、通信、施設、水測）を習得し、その技術者として祖国防衛に当ろうとする少年諸君が、奮って志望されることを期待しています」とある。この制度は現在も、「陸上自衛隊高等工科学校」（神奈川県横須賀市）に引き継がれている。

結局、初年度の少年自衛隊の募集には、陸海空合わせて三一〇人の定員に対して、三五倍の一万一〇〇〇人近い応募があった。

これについて当時の大村清一防衛庁長官は、次のようにコメントしている。

自衛隊は無謀な戦争をやらぬという認識も深まり、祖国を思う青少年の胸をこの自衛精神が打ったのだと思う。驚くべき多数の応募者があったことは、防衛の第一線に立つ優秀な青少年が得られると確信する。実に結構なことだ。（「朝日新聞」一九五四年一二月二四日）

長官は、多数の応募があった理由を青少年の愛国心だと述べているが、実際には応募者は農漁村出身者が多く、動機の多くは就職難であったという。

また、一九五四年一二月二三日の「朝日新聞」朝刊の「論壇」欄には、自衛隊からこの少年自衛隊募集への協力を依頼された秋田県の学校教師の寄稿が載っている。この中に、実際に応募した同県の少年らのことが紹介されている。

Aは三反歩耕作の四男で、作男（雇われて耕作する男性のこと）にでて口べらしをはからなければならない少年、Bは父を助けて家業の荒物屋を経営してきたが、再建おぼつかなく、破産の一歩前で相談にきた今春の中卒生、「この子だけは好きな工業の機械科にいれたいのだが、金がつづかないので」と、技術を覚えたら、すぐよびもどしたいとうったえるCの母、「私も長男も職業軍人だから、ぜひこの子も受験させてもらいたいが、海外出兵の時はどんなことしても連れもどす」とDの父の申出、「弁当もって月三千円の町工場より、食べて着て、五千四百円の自衛隊が家にも手助けになる」と新聞配達のEの真剣な顔。

生徒の家を訪ね、そだにあたりながらきく志願のいきさつは単純でなく、伸び盛りの少年を送り出さなければならぬ生活の苦しさはきびしく、そのかべは厚い。

これを読んでも、経済的な動機が多かったことがわかる。

この教師は、「問題は、志願の中学生も父母も好ましいものとして受けるのでなく、生活のため、ふみきろうとしていることにある」として、「自衛隊志願のみならず、身売りがあとをたたず、長欠（長期欠席）児童のつづく東北農村の貧しさは、一教員の良心だけで救われる問題ではない」と根本にある貧困問題の解決を強く訴えている。

防衛庁も認めた、募集と貧しさの〝密接な関係〟

読者のなかには、「極端な事例ばかり集めてきて、無理やり『経済的徴兵制』を描こうとしているのではないか」と思う人がいるかもしれない。

しかし、自衛官の募集は若者たちの「経済的動機」に依拠して推進するほかないと防衛庁自身が明確に考えていたことを示す内部文書が存在する。

一九六九（昭和四四）年に防衛庁の人事教育局人事第二課が作成した「隊員補充の現況と問題点」と題する文書で、表紙には「取扱注意」の印が押してある。

当時は高度経済成長の真っ最中で、労働市場は完全に「売り手」市場。自衛官募集は民間企業との激しい求人競争にさらされ、困難に直面していた。民間の中小企業がようやく一人前に育てた若手工員を、自衛隊の広報官がまとめて引き抜いてトラブルになり、メディアの注目を集めるような時代であった。

こうしたなかで、自衛官募集の現状と問題点を分析したのが、この文書である。当時の防衛庁が、自衛官募集についてどのように考えていたかが、実に率直に述べられている。

文書は各種調査から「国民の防衛問題に対する認識は、（中略）逐次改善の方向にあることは明らか」としながら、それが「必ずしも、隊員募集と密着しない」と結論づけている。

この傾向について、「自衛隊の存在は認めながら、自ら進んで隊員となり国の防衛に挺《てい》身《しん》しようという積極的防衛意識に欠ける点を示しており、日本の地理的位置、歴史的事実等から真の防衛意識が国民の間に定着していないこと、あるいは武は武士のものであり、農工商階級はこれと全く関与せずという伝統から生じた国民皆兵思想の欠除等を示すもの」と指摘する。

そして、青少年の生活観に関する調査で「社会のためにつくすこと」を第一基準とする者が約一％しかおらず、自衛官の中でも士長で四％、1士・2士で六％という結果を紹介。この文書の巻末に収録されている「2士」の新入隊員を対象とした志願理由に関する調査（一九六五年）でも、「技術習得」が四三％、「自己修養」が三六％で、「国につくす」と答えたのはわずか四％となっている。

これらの調査結果をふまえて、文書は自衛官募集の「あり方」について次のように強調している。

れている。これらは自衛隊の存在は認めながら、自ら進んで隊員となり国の防衛に挺身しようという積極的防衛意識に欠ける点を示しており、日本の地理的位置、歴史的事実等から真の防衛意識が国民の間に定着していないこと、あるいは武は武士のものであり、農工商階級はこれと全く関与せずという伝統から生じた国民皆兵思想の欠除等を示すものであろうし、西欧諸国にみられるように、防衛意識の向上とは無関係に、むしろ国民の生活レベルの向上と反比例して、自衛隊応募意欲は低下することが予想される。（このことは自衛官の出身地別分布とその出身地の貧富が密接な関係にあることからも明らかである。

自衛官の出身地と貧富の関係（「隊員補充の現況と問題点」より）

今や自衛官補充上、戦前のように、青少年の愛国心、社会奉仕観等を、重要な要素とみてこれに期待することは不可能であり、全く一般の職業と同じ立場に立って勤務条件、給与等処置を考えていかなければ、はげしい求人競争に勝ち、自衛官の充足を維持向上できないことを銘記しておく必要があろう。

また、今後の自衛官募集の見通しについても、次のように述べている。

防衛意識の向上とは無関係に、むしろ国民の生活レベルの向上と反比例して、自衛隊応募意欲は低下することが予想される。

文書は、さらにこう続ける。

このことは自衛官の出身地別分布とその出身地の貧富が密接な関係にあることからも明らかである。

防衛庁自身、当時から自衛官募集と貧富の「密接な関係」について明確に認識していたのである。

その上で、文書は「自衛官給与は、民間のそれとくらべ競争力は年々低下の傾向にあることは明らか」とし、給与をはじめとする隊員の処遇改善の必要性を訴えている。

国民の防衛意識の現況からみて、「自衛官になれば経済的にも損だ」ということは募集や隊員の減耗防止にとって致命的弱点である。これをカバーするため募集担当者は「給与以外に現物給与が約一万七〇〇〇円」などと強調しなければならぬ実状では、そして入隊者の約半数が「地連にだまされた」というような実状では、(中略)志願兵制度は成り立たない。

また、自衛官の職務が「事に臨んでは危険を顧みず身をもって責務の完遂に務める」という「特殊」なものであるという観点からも、「その本質は全く列国の軍人のそれと同じであり、その職務の特性に対して相応の給与上の加算が行なわれるべきは当然」として、給与制度を抜本的に組み替えるよう強く提言している。

現在も変わらぬ貧富との関係

現在も、自衛官募集に対する基本的な認識、つまり若者の「愛国心」や「国防意識」に依拠することは困難であり、給与などの待遇によって魅力を打ち出していくほかないという認識は変わっていないと思われる。

また、自衛官募集と貧富の「密接な関係」についても、変わっていないことが統計を分析してみるとわかる。

都道府県別の「貧困率」については、政府が公表している統計がないので、山形大学人

【図表4】2007年度の高校新卒者の「2士」入隊率上位15道県の貧困率と1人当たり県民所得

		高校新卒者の「2士」入隊率	貧困率（順位）	1人当たり県民所得［単位：千円］（順位）
1	青森	1.16%	18.9%（8）	2433（10）
2	北海道	1.06%	17.5%（14）	2408（9）
3	宮崎	1.00%	19.9%（5）	2152（3）
4	熊本	0.88%	18.5%（11）	2381（7）
5	鹿児島	0.76%	21.5%（3）	2353（5）
6	長崎	0.72%	19.1%（7）	2191（4）
7	大分	0.65%	17.8%（13）	2636（17）
8	佐賀	0.64%	16.4%（18）	2575（15）
9	岩手	0.60%	16.4%（18）	2383（8）
10	秋田	0.58%	17.2%（15）	2483（12）
11	山形	0.53%	13.1%（29）	2541（14）
12	沖縄	0.48%	29.3%（1）	2049（1）
13	高知	0.44%	21.7%（2）	2114（2）
14	鳥取	0.43%	14.7%（25）	2364（6）
15	福岡	0.41%	16.8%（16）	2746（22）

『山形大学紀要』2013年2月「近年における都道府県別貧困率の推移について―ワーキングプアを中心に」、内閣府「県民経済計算」統計、防衛省統計をもとに筆者が作成

文学部の戸室健作准教授が総務省の「就業構造基本調査」の統計を基に算出した二〇〇七（平成一九）年のデータによることとする（『山形大学紀要』二〇一三年二月、「近年における都道府県別貧困率の推移について―ワーキングプアを中心に」）。

筆者が防衛省の統計から算出した、二〇〇七年度の高校新卒者の自衛隊「2士」入隊率（自衛隊「2士」の高校新卒入隊者数÷全高校卒業者数）の上位一五道県のうち一〇道県（青森、北海道、宮崎、熊本、鹿児島、長崎、大分、秋田、沖縄、高知）が「貧困率」（収入が生活保護の基準額である「最低生活費」以下の世帯数÷全世帯数）でも上位一五位に入っている。

さらに、内閣府が公表している「県民経済計算」の統計で見てみると、自衛隊「2士」入隊率上位一五道県中一三道県（青森、北海道、宮崎、熊本、鹿児島、長崎、佐賀、岩手、秋田、山形、沖縄、高知、鳥取）が一人当たり県民所得の下位一五道県に入っている（ここまで図表4）。

また、貧困率上位一五道県だけで、全国の高校新卒「2士」入隊者数のじつに約五二％を占めている。ちなみに、この一五道県の高校新卒者数の全国に占める割合は、約二七％

に過ぎない。

これらの数字からも、自衛隊への入隊者は明らかに貧困率が高い地域に偏っているといえる。

自衛隊の良い面と悪い面〈Cさんの場合〉

Cさんも、経済的動機から自衛隊に入隊した一人だ。

「教師とそりが合わず」高校を中退。その後、フリーターで仕事を転々としていたところ繁華街で自衛隊の広報官に声をかけられ、「いろんな免許とり放題」という〝定番〟の誘い文句にひかれて入隊する。

Cさんは「正直言って、自衛隊はあまり勧められる仕事ではありません」と話す。

「(自衛隊に)興味のある人ならともかく、一般の民間人に理解されることは少なく、ささいな事案や不幸な事故もまるで組織犯罪のごとく報道されて叩《たた》かれます。規則は厳しく、命がけの仕事でも手当はほとんど出ません。連続五夜六日の状況に入っても残業代は〇円。非常呼集がかかれば、大型連休中でも駐屯地に戻らなければなりません。そして、自衛隊が万が一出動という事態になるということは、かなり悲惨な状況であることを覚悟する必要があります。安定を求めるのなら、役所に行くべきでしょう」

一方、「でも、普通の生活に満足できない人には、かなりお勧めの職場です」とも言う。

Cさん自身、フリーターだった頃と比べると、今は楽しんで仕事をしているという。

「実弾射撃や爆破、ヘリボーンなど普通ではできない体験ができるというのが大きいですね。フリーター時代、一日中工場でプレス機を扱っているときは、本当にルーチンワークでしんどかった記憶があります。あれなら、四〇キロ行軍やってる方がまだマシです(笑)。あと、学歴が部内における出世にほとんど影響しないというのも魅力です。民間だと、やりたいことがあっても、中卒の身では厳しいですからね」

自衛隊に入ってからのCさんは人一倍努力し、一兵卒の「士」から下士官の「曹」、そして士官である「幹部」へと、一つずつ階級を上げてきた。最初から将校への道が保証された防衛大学卒や一般大学卒の幹部候補生とは違い、いわゆる叩き上げの幹部である。

これまでの人生を振り返り、Cさんはこうつぶやいた。

「若い時は何も考えずに生きてきたような感じですね。まぁ、流れ流れて入隊した自衛隊が自分に合っていたのは幸運だったのかな、と今となっては思います」

一生ハケンより自衛隊はまだマシ

「一日中工場でプレス機を扱うルーチンワークよりは、自衛隊の四〇キロ行軍訓練の方がマシ」というCさんの言葉は、現代の日本社会において、いかにフリーターや派遣社員などの非正規雇用者が置かれている労働環境が過酷かを逆に物語っている。

以前、トラックやバスを製造する大企業に「派遣切り」された若者を取材したことがある。彼は「派遣切り」される前、工場のベルトコンベアに一定間隔で流れてくる運転席のボディに部品を取り付ける単純な作業を、朝八時から夕方五時までひたすらくり返していたという。

目標はそれぞれの限界を超えたところに設定され、ずっと走り続けながらの作業。その上、休憩は二時間おきに七分間だけで、往復全力でダッシュしないとトイレにも行けない。ときどき開かれるミーティングでは、社員と同じ仕事をしているにもかかわらず、「君は派遣社員だから、黙って座っていればいいよ」と言われる。誰とも会話せず、ただ仕事だけをこなして帰宅する毎日。「まさに『機械の部品』のようだった」――彼は、工場で働いていたときの自分を、こう評した。

そのうえ、景気が悪くなった途端、「来月で仕事は終わりです。月末までに寮も出てください」と突然告げられたのである。

景気が良いときは機械の部品のようにこき使い、景気が悪くなるとモノのように切り捨てる。そんな扱いを受けているにもかかわらず、ほとんどの派遣社員は「これまでよくしてもらったから……」と、理不尽な「派遣切り」に抵抗しようとしないという。この世には、もっと劣悪な仕事がいくらでもあることを、彼らはよく知っているからだ。

こうした現実のなかでは、自衛隊の仕事が「まだマシ」に見えるのは理解できる。自衛隊も上下の関係は厳しく、上官の命令には絶対服従しなければならないが、同期入隊や同じ階級同士の横のつながりは強い。また、出世や昇給がほとんど見込めないフリーターや派遣社員とは違い、Cさんのように中卒で入隊した人でも、努力をすれば幹部自衛官になる道も開かれている。不祥事を起こして処分でもされない限り、突然クビを切られ、生活の糧とともに住居まで失うこともない。

アメリカでも、一生ファストフード店でハンバーガーを焼いて貧困から抜け出せないような人生を選ぶより、イラクやアフガニスタンの戦場に送られるリスクを多少冒してでも、軍隊に入隊し、奨学金をもらって大学に進学した方がいいと考える若者が多いという。

今の日本の社会状況からして、中卒のCさんがもし自衛隊に入っていなかったら、ずっと不安定なフリーターとしてルーチンワークを続けていた可能性が高い。

いまや、働く人の約四割が非正規雇用となっている。

連合と連合総研の調査（二〇一四年一〇月）によると、非正規労働者の年収は一〇〇万円未満が三九・一％と約四割に達している。二〇〇万円未満は七六・一％に上り、九三・九％が三〇〇万円未満だった。

国税庁の民間給与実態統計調査（二〇一三年度）でも、非正規労働者の平均年収は約一六八万円で、正社員の四七三万円と大きな差が出ている。

フリーターから自衛隊に入り、現在「幹部」となったCさんの年収は六〇〇万円を超え、正社員の平均を上回っている。少なくとも彼にとって、自衛隊は「希望」をつかんだ職場であったことは間違いない。

人間を「使い捨て」にするシステム

一九九〇年代からホームレス支援の活動を行ってきた稲葉剛さん（特定非営利活動法人「自立生活サポートセンター・もやい」理事、立教大学大学院特任准教授）は、安保法制が成立したことで、日本でも「経済的徴兵制」が強まっていくのではないかと危惧している。

「支援関係者の間では知られている話ですが、路上生活者には貧困家庭の出身で、自衛隊で働いた経験のある人が少なくありません。今後、自衛隊員が海外で殺し、殺されるリスクが高まれば、志願者が激減し、今まで以上に貧困層をターゲットにしたリクルートは強まると思います」

特定非営利活動法人「ビッグイシュー基金」が二〇一四（平成二六）年に、二〇〜三〇代の年収二〇〇万円未満のワーキングプア約一七六〇人に調査したところ、親と別居している人の一三・五％がホームレス（定まった住居を持たず、路上やネットカフェ、カプセルホテル、友人の家などで寝泊まりしている状態）の経験があると回答した。調査に加わった稲葉さんは、日本の若者たちが置かれている貧困問題の深刻さを改めて実感したという。

「私がこの活動を始めた一九九〇年代は、ホームレスといえば圧倒的に五〇代、六〇代のおじさんが多かったのですが、二〇〇〇年代に雇用の規制緩和が進められた結果、非正規雇用が拡大し貧困が若年層にも広がりました。今の若い人たちにとって、ホームレスになることはもはや縁遠いことではなくなっています」

このような状況では、フリーターになって明日にでもホームレスになるかもしれないリスクを負うよりは、多少将来のリスクがあっても、まず衣食住が保証され、「安定職」である自衛隊が魅力的に見えるのはやむを得ないと稲葉さんは言う。

「アメリカでは、そうやって選択肢がないなかで軍に入隊した貧困層の若者たちが、海外の戦場で命を落としたり、無事帰国してもPTSDで働けず、多くの帰還兵がホームレスとなっている現実があります。日本でも、そういう人間の『使い捨て』がシステムとしてつくられるのではないかと危惧しています」

第三章　自衛隊「リクルート」史

警察予備隊の隊員募集ポスター（1950年）。衣食住無料で退職金も出るとアピールする（自衛隊提供）

自衛官リクルートの現状

いくら「経済的徴兵制」といっても、国家予算上、給与や福利厚生などの経済的メリットには限度がある。アメリカのように入隊すると奨学金や医療保険といったメリットがあっても、自動的に軍が必要とする数と質の志願者が集まってくるわけではない。だからこそ、全米各地に数千のリクルートセンター（募集事務所）を設置し、二万人近いリクルーターが地域や学校で網の目のように募集活動をくり広げているのである。

これは日本でも同じだ。

自衛隊は、全国に五〇の地方協力本部と、その下に四四の出張所、一九五の地域事務所、九一の募集案内所、一一の駐在員事務所などを置き（二〇一五年現在）、非常勤も含めて約二五〇〇人の広報官が募集業務を行っている。

民主党政権時代の二〇一〇（平成二二）年、行政の無駄遣いを洗い出す「事業仕分け」で、自衛官募集に関する経費も検討対象とされた。

「仕分け人（評価者）」たちからは、自衛官募集に年間二〇〇億円以上かけているが、二〇〇九年度は倍率が一〇倍近くあり、そこまでコストをかけなくても志願者は集まるのではないか、募集広報官をもっと減らせるのではないか、といった指摘がなされた。
これに対し、防衛省の担当者は、次のように反論した。

確かに今、応募者数は十万人を超えているが、実際に自衛隊の側から何の働きかけもなく、ある日突然、自分は自衛官になりたいんだと言って志願してくる人は、だいたい三割ぐらい。ほかの人たちは、（広報官が）自衛官という職業があるんだということを親に働きかける、学校に働きかける、自治体を通じて広報する、そういうことを通じて応募してきてくれるのが実態です。

次ページにあるのは、自衛隊の内部文書に掲載されていた広報官の一年間の業務イメージ図である。募集対象者の情報を入手し、自衛官という職業の魅力を広報し、本人や父兄が抱く自衛官という職業に対する不安を解消して志願に結びつける。その後も、志願者がきちんと採用試験を受験するように、また合格者が辞退せずに入隊するようにこまめにフ

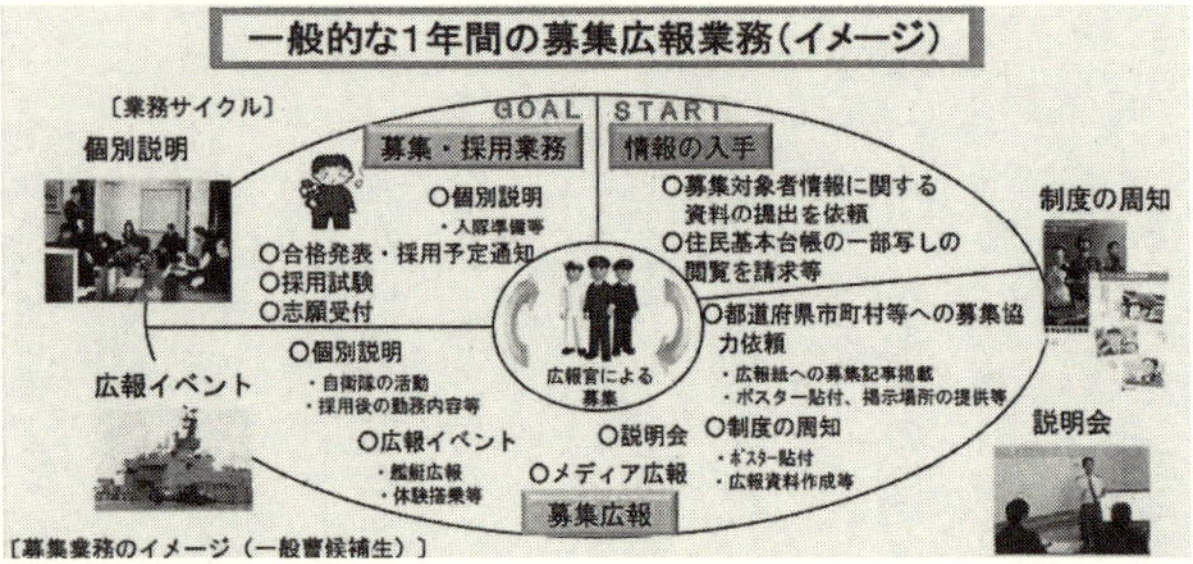

広報官の１年間の業務イメージ（自衛隊内部資料より）

ォローする。

一人ひとりの広報官にはノルマ（募集目標）が課せられ、結果がすべての厳しい世界。目標を達成するために、ほとんどの広報官が休日返上で働いているのが現状である。

本章では、自衛隊がこれまで、どのような募集活動を行ってきたのかをふり返ってみたい。

「いい人材を採るなら、金を惜しむな」

一九五〇（昭和二五）年八月、自衛隊の前身である警察予備隊がＧＨＱ（連合国軍総司令部）の指令によって創設された。

この年の六月に朝鮮戦争が勃発し、アメリカはすぐさま日本に駐留していた米陸軍四個師団の派遣を決定。その「空白」を埋めるという口実で、GHQのマッカーサー司令官は吉田茂首相に七万五〇〇〇人の警察予備隊の創設を命じたのである。

隊員の募集は、警察官の募集業務を行っていた国家地方警察（国警）本部が担当することになった。敗戦から五年後、まだ戦争の傷跡が生々しく残っているだけに、関係者の間では募集しても集まらないのではとの心配もあった。だが、いざ募集が始まると受付場所となった全国の警察署に志願者が殺到し、最初の三日間だけで応募者は一八万人を超えた。最終的に、志願者は定員七万五〇〇〇人の五倍以上の三八万二〇〇三人に達した。

防衛庁発行の『募集十年史』（防衛庁人事局人事第二課、一九六二年）には、「受験者中には愛国の至誠に燃えて血書嘆願をする者、あるいは採用を懇願して試験場を去らない者もあって、試験場は連日混雑のうちに感激の情景を展開した」とある。

この時の募集ポスター（本章扉写真）のキャッチコピーは、「平和日本はあなたを求めている」であった。実際、三八万余の志願者のうち、どれだけの人が「平和日本」を守ろうとする愛国心に燃えて名乗りを上げたのかはわからない。同時に、経済的な魅力が多くの志願者を惹《ひ》きつけたことも想像に難くない。

警察予備隊の一般隊員の初任給は、当時の国警巡査の初任給が三七七二円であったのに対し、破格の五〇〇〇円とされた。さらに、二年満期勤め上げれば六万円もの退職金が支給されるとあっては、志願者が殺到するのも当然であった。

当時、警察担当閣僚であった大橋武夫法務総裁は、吉田首相に「いい人を採らなきゃいけない。それには金を惜しんではならない。月給を高くしろ、普通より二割ぐらい高くしなくてはいけない」と指示されたと後に証言している（「読売新聞」一九八〇年一二月四日）。

海外派兵への懸念と「第五福竜丸」事件の影響

二年目以降の募集は、各駐屯地の部隊が隊務のかたわらで行う「部隊募集」となった。しかし、本来の隊務に支障を来すことや、駐屯地の多くが募集対象者の集中する都市部から離れていることなどの理由から、一九五四（昭和二九）年七月一日の自衛隊発足の際、募集業務を専門に行う機関として地方連絡部（地連）の設置が自衛隊法で決められた。

保安隊（一九五二年に警察予備隊を改組）から自衛隊に切り替わったこの年の募集は二

回にわたって実施され、採用数五万余に対して一七万余の応募者があった。しかし、海上自衛隊と航空自衛隊に比べて陸上自衛隊の倍率が極めて低いのが特徴であった。『募集十年史』は、こう記している。

海の一四・一倍、空の一三・七倍という高率に対し、陸は二・五倍という低率で入隊々員の質の低下の問題にまで及ぶに至った。陸は一二万余の応募者を得たが四八〇〇〇人の大量募集であったので自然低率となったわけである。この年は経済情勢も募集には有利であったが、国会ではＭＳＡの性格がアメリカの傭兵、将来の徴兵制、海外派兵、平和産業圧迫などの点から防衛論争が行われている中でこの大量募集が行われた。

文中に登場する「ＭＳＡ」とは、アメリカの「相互安全保障法」のことで、この法律に基づく米軍への経済援助、武器援助を日本政府は受け入れることを決定し、一九五四年三月に米政府と協定を締結した。この協定によって日本は自ら防衛努力を行うことが義務付けられ、治安維持を任務とする保安隊から国防を任務とする自衛隊への改編につながった。
国会では、野党が、MSA協定は保安隊をアメリカの傭兵にし、将来の海外派兵へ道を開くものだと厳しく批判した。そうした国会での議論が、国民に不安を抱かせ、募集にも影響したと分析しているのである。
実際、この年四月三〇日の「朝日新聞」は、自衛隊への改編直前の保安隊の「募集難」を報じている。

募集期間がちょうど農繁期にぶつかり、おまけに進学、就職期がすんだことなどが共通した不振の原因にあげられているが、国会で論議された「海外派兵」問題が、〝就職のための保安隊入り〟を希望していた一部農家の二、三男の気持に水をさしたり、ビキニの〝死の灰〟や「水爆」などが、かなり響いているのではないかと見ている。

この年の三月一日には、太平洋のビキニ環礁でアメリカが行った水爆実験で、日本の遠洋マグロ漁船「第五福竜丸」が「死の灰」を浴び、乗組員が被ばくする事件が発生していた。この事件とも重なり、MSA協定で米ソの核戦争に日本も巻き込まれるのではないかという危惧と不安が国民の中に生まれていたのである。

強引な勧誘と「適齢者名簿」の作成

『募集十年史』は、「募集成績と雇用情勢の関連について」という項で、「募集当時の経済的情勢、すなわち、直接的には雇用情勢が相当程度募集に影響することは明らかである」と記述している。

実際、一九五四年から一九五五(昭和三〇)年にかけて、不況の影響で失業者数が増大するにつれ自衛隊への志願者数も増えた。しかし、一九五六(昭和三一)年からの「神武景気」で民間の雇用環境が改善すると志願者も減った。

『募集十年史』によれば、陸上自衛隊の「2士」採用試験の受験倍率は一九五五年が三倍だったのが、一九五六年に二・七倍、一九五七(昭和三二)年には一・九倍まで落ち、筆記試験で三〇点満点中三〜五点以上を合格とせざるを得なかったという。

こうしたなか、志願者を獲得しようとする地連広報官の強引な勧誘が、各地の新聞でたびたび報じられるようになった。

たとえば、一九五八（昭和三三）年四月一四日の「朝日新聞」には、「強引な自衛隊の募集」と題してこんな記事が掲載されている。

自衛隊の募集難は相変らずで、新潟県ではとうとう地方連絡部の隊員をくり出して、農家を戸別訪問させているが、これが「行過ぎだ」という批判も一部には出ている。十五日締切られる新潟県下の募集目標は八百八十人、これを各郡市に割当てるわけだが、たとえば小千谷市の目標十八人に対し、十日までの志願者は一人もない有様。そこでさる八日から新潟地方連絡部の隊員四人が同市の公民館に泊りこみ、手弁当で同市および周辺農村部を〝かり出し募集〟に歩いているという。そのやり方は、まず役場で適齢青年の名前を調べ、その自宅を訪ねて志願書を差出し「自衛隊に来ないか」と呼びかけるというもの。

こうした戸別訪問のために、自衛隊が地方自治体に「適齢者名簿」を作成させていることが初めて問題になったのも、この頃だった。

防衛庁『募集十年史』は、一九五七年に富山県で「適齢者名簿」作成が発覚し、新聞で報じられた時のことをこう記している。

最近募集強化の一策として、募集勧誘上、各地連とも地方公共団体と協力して勧誘対象者の名簿を作成して、勧誘に強力な推進を図っていたところ、富山県では、その名簿を適齢者名簿という名前で作成したところから、日教組がこれをとらえて徴兵制の下準備であると反対、これが新聞記事として取りあげられた。そのことによって、二十勧誘のための必要な名簿等の作成上留意すべきことに関する通達が示され、名称等誤解される恐れがあるので、勧誘対象者名簿または推せん者名簿等と部外者を刺激しないような呼称を用い、かつその取扱い等に細心の注意を払うよう指導された。

募集のピンチに、地連広報官だけでなく、一般部隊の隊員も募集業務に駆り出されるようになった。

一九五七年に着任した津島壽一《じゅいち》防衛庁長官は「〝国民の自衛隊〟として、一般市民との結びつきを深めたい」と語り、自衛隊をあげての広報活動が活発化した。

全国地方連絡部長会議が初めて開かれ、募集基盤を強化するためにも、国民の自衛隊への理解を深めるための広報活動の重要性が強調された。

翌年から募集関係費も倍増し、地連と各部隊が連携しての募集広報や、国民の自衛隊への理解を深めるためのPR活動が大々的に行われるようになった。「愛される自衛隊」をスローガンとした、いわゆる「隊力投入募集」である。

「ポン引き」まがいの街頭募集

一九六〇（昭和三五）年に池田勇人内閣が「所得倍増計画」を掲げ、本格的な高度経済成長期に突入すると、自衛隊の募集はさらに困難となり、各地で地連広報官による「強引な勧誘」が問題化する。

一九六二（昭和三七）年二月二三日には、東京地連募集課所属の広報官が上野署に連行され、取り調べを受ける事件が起こる。「読売新聞」二月二四日付夕刊は、次のように報じている。

二十三日午前十一時ごろ東京上野駅二等待合室で薄よごれたジャンパーを着たボサボサ髪の男が若い男たちにつぎつぎ話しかけているのをパトロール中の上野署員がみつけ職質した。ところが男は自衛隊東京地方連絡部募集課員××××氏（四〇）で、隊員の勧誘をしていると答えたので同署へ同行、事情を聞いた。調べによると×××氏は勧誘のための立ち入りは禁じられている上野駅で駅に無断で昨年七月からほとんど毎日、家出人や浮浪者を中心に入隊を勧誘、一日七―十人ずつ計約千人を受験させていたという。

さいきんの求人難で自衛隊の充足状況は陸八四％、海八九％、空八六％と定員不足で、ことしの第四次募集も十一月からはじまりきょう二十四日で終わったばかりだが求人難に頭をいためている東京地方連絡部では市町村役場などを通じて募集を行なうほか盛り場や公園など人の集まるところで自衛隊のＰＲを行ない受験希望者はその場から車で防衛庁内の受験場に運んでくる方法などをとっている。

この事件は、自衛隊が「ポン引き募集」を行っているとして世間の批判を浴びた。

前出の『募集十年史』によれば、一九六二年も陸上自衛隊の採用試験で三〇点満点中六点以上を合格とせざるを得ず、隊員の質の低下が避けられない状況であった。

前章で紹介した防衛庁の内部資料「隊員補充の現況と問題点」には、一九六〇年から一九六八（昭和四三）年までの2士新入隊員の知能検査結果の表が出ているが、それによると一九六二年の陸上自衛隊の平均偏差値は四五・一で、偏差値二四以下の「低知能者」（ママ）も六・一％「混入」（ママ）したと記述している。

「街頭募集」から「組織募集」へ

こうした状況に危機感を抱いた防衛庁・自衛隊は一九六六（昭和四一）年、街頭募集のような人海戦術的募集方式を抜本的に見直すこととした。

八月に就任した上林山栄吉防衛庁長官は早々に、「自衛隊の品位を落とすような街頭募集は一切やめろ」と指示。防衛庁（陸上幕僚監部）は全国の地連に、「ポン引きまがいの肩たたき募集」のような街頭募集を廃止するよう指示する通達を出した。

そして、代わって打ち出したのが、地方自治体を通じて行う「組織募集」方式だ。

自衛隊法第九七条は、都道府県知事と市町村長に自衛官募集事務の一部を委任することを規定しているが、それまで地方自治体の協力は極めて限定的であった。それを本腰入れて改めていこうという方針であった。

防衛庁は、「組織募集の推進について」と題する依頼状を都道府県知事に送付。依頼状に付された「組織募集推進要領」には、「自衛官の募集に関する国民の支持を高め、入隊意欲のおう盛な応募者の増加を通じて良質の入隊者の安定した確保を図ること」を目的に、自衛官募集事務における「都道府県の実施事項」「市町村の実施事項」「重点市町村の設定」「地方連絡部の実施事項」がそれぞれ細かく明示された。

それまで一部の県で試験的に実施していた「募集協力モデル市町村」を、一九六六年度には全国二一四市町村に拡充し、「適格者名簿」の作成や地元青年に対する積極的な募集広報などの協力を獲得しようとした。

職安・学校の開拓

同時に、防衛庁・自衛隊は「組織募集」の限界も認識していた。

防衛庁の内部文書「隊員補充の現況と問題点」は、この点についても率直に指摘している。

「組織募集」は「地域との密着性や応募者の利便という点においては、現在においても（中略）相当の効用はあるであろう」としつつも、「現在のような労働事情のもとで居ながらにして応募者を待つ式の募集が行なえるはずもない」と指摘。加えて、「戦前における地方公共団体と、戦後におけるそれの性格の相違にも注目する必要がある」と問題提起している。

戦前の日本では、兵士の徴募は、軍の連隊区司令部と市町村の兵事係によって行われていた。

まず、市町村の兵事係は戸籍簿に基づいて徴兵検査適齢者の名簿を作成する。徴兵検査に合格した者は兵籍名簿に記載され、連隊区司令部がその中から「赤紙」を発行し、市町村の兵事係がそれを当人に届けるというシステムであった。
「隊員補充の現況と問題点」は、戦前と戦後の相違について次のように述べている。

戦前中央集権のもと、あたかも国の出先機関的性格さえ有し、しかも、兵役の義務——徴兵制を背景に一糸乱れず国の方針のもとに働いていた兵事課兵事係と、公選首長を頂き十分な費用の裏付けもなく、また一〜二名の兼務の担当者が事務を取扱っている現在の委任事務の態様と同日に論ずることはできない。かりに十分の委託費と専任の担当者（中略）を置き得たとしても、公選首長の動向等によって、必ずしも投資に見合う活動が期待できない状況であろう。

そして、「組織募集はあくまで補助手段であって、募集は自衛隊自力で行なうという現実の姿を出発点として」、募集のあり方について検討する必要があると結論付けている。
興味深いのは、上野の「ポン引き募集」が世間の批判を浴びたことを「情報不完全（年齢は応募適齢位だし、身体も丈夫そうだ程度の）なまま『下手な鉄砲も数撃てばあたる』

式に不特定多数に働きかけたことが主因」と分析していることである。その上で、「年齢、身体的条件は勿論《もちろん》、家庭状況その他本人の属する環境、就職の意思、自衛隊に対する感情等十分な情報があってはじめて効率よく、しかもトラブルなく直接広報が行ない得る」と強調している。

そして、勧誘対象者の情報を把握する手段として、市町村に作成を依頼する「適格者名簿」のほか、職業安定所（現在のハローワーク）や学校（高校）の開拓の重要性を指摘している。

職業安定所に来る者は「いずれも新たに職を求めているものであり、現職等に対して何等かの不平不満を持つ者である」とし、高校も「適格者がまとまって把握できるということのほかに、対象者がその学力、年齢や世間ずれしていないというような面で極めて良質であるということに重要な意味がある」と述べている。

防衛庁・自衛隊は、この頃からすでに、「学校開拓」など「組織的募集」の重要性を認識していたのである。

「三矢研究」――想定される兵員不足へのジレンマ

実は、もうひとつ、防衛庁・自衛隊が「組織募集」の推進に本腰を入れることを決めた理由があった。

それは、一九六三（昭和三八）年に自衛隊統合幕僚会議が極秘に行っていた有事の作戦研究「三矢研究」と深く関連していた。

一九六五（昭和四〇）年二月一〇日の衆議院予算委員会で社会党・岡田春夫議員が暴露して明るみに出たこの極秘研究では、有事の際の「非常事態措置諸法令の研究」において、「防衛徴集制度の確立（兵籍名簿の準備・機関の設置）」や「大量募集のための全国警察機構・医療保険組織の協力態勢」などの施策が項目として挙げられている。

「防衛徴集」とは何か。「三矢研究」の統裁官（責任者）を務めた統合幕僚会議事務局長の田中義男氏は後に、この「防衛徴集」の意味を、予備自衛官の招集とは異なり、「強制的に要員を充足する必要の起こる場合の施策」と法廷で証言している。

「三矢研究」では、有事の際の徴兵制がはっきりと検討されていたのである。

いざ有事になったら隊員の数が足りないというのは、自衛隊発足時から認識されていたことであった。自衛隊発足の契機となったＭＳＡ協定の交渉で、アメリカ側は保安隊の兵力を三二万五〇〇〇～三五万人に増強することを要求した。それに先駆けて、財界団体の経団連の防衛生産委員会も一九五二（昭和二七）年、陸上兵力を三〇万人とする「防衛力整備に関する一試案」を発表していた。しかし、軍備より経済成長を重視し、「防衛力漸増方針」をとろうとしていた当時の吉田茂内閣は、陸上兵力の増強は一八万人にまで値切った。

一九五四年五月、保安隊から自衛隊に切り替わる直前の国会で、兵力の漸増について質問された木村篤太郎保安庁長官は「志願制では二二、三万が限度だと考えている。それ以上になると徴兵制でなければ出来ないだろう」（参議院内閣委員会、五月二〇日）と答弁している。さらに、同年一一月八日にも、「現在の自衛隊には予備、後備がなく、この点からも徴兵制を検討することを真剣に考えなければならない」（衆議院内閣委員会）と答弁した。

しかし「三矢研究」は同時に、徴兵制については「当面これを保留し、情勢の推移に応じて決定する」とも記述している。理由は次の三点だ。

① 研究の趣旨にかんがみ、極力困難な状況で検討してみる。
② 現行法（憲法を含む）の範囲では強制措置については疑義がある。
③ 強制措置を講じても実際に軌道にのるには六ヵ月以上を要する。

その上で、次のような問題提起を行っている。

然しながら、有事における自衛隊の要求及び国内態勢を整備するのに、果たして強制措置を含まない必要な施策の推進のみで所要の人員を確保出来るであろうか。戦後一八年、国家防衛に関してはまことに奇妙な伝統的風潮が平和の名のもとに我が国に浸透しつつある。この風潮を打破して国民の防衛意識を高揚することが、しかし簡単に出来ると考えてよいであろうか、問題の最大の眼目はここにある。これさえ可能ならば人員確保の強制措置は当面は不必要であろうし、これが不可能ならば強制措置を行なっても真の国家防衛とはなるまい。

必要な隊員確保にとって最も重要なのは国民の防衛意識であり、もしそれがあれば徴兵制など敷かなくても志願者は集まるし、それがなければ徴兵制にしても真の国防にはならないと言っているのだ。そして、国民の防衛意識の希薄さこそが、隊員確保にとっての最大の障害だと考えていることが伝わってくる。

前出の田中氏も、兵員不足が最大の悩みであったことを語っている。

作戦をするに当たって、兵員の不足が非常に難しい問題になってくる。特に兵員の不足を感じるのは陸。陸としては、必要な兵員を充足するような施策を早く促進させてほしいというような感じを持つだろうが、そう簡単にはいかない。やはり、これはいろんな国の施策と関連をして、にらみあわしていかなければならない。そうすると、兵員が非常に不十分な状況で、ある程度なんとかやっていかなきゃならんということが、この研究が実施される前よりも、もっと深刻に理解された。

自衛隊の人海戦術的募集方式に代わって「組織募集」の推進が打ち出された背景には、防衛庁・自衛隊内でのこうした認識の共有があった。いざ有事となると、自衛隊は募集に人員をさく余裕もなく、緊急募集も地方自治体にやってもらわなければならないので、平時から協力を獲得しておこうという考えである。

当時、自衛官募集を担当した防衛庁人事局第二課の長坂強課長も、「組織募集」推進の意義についてこう強調している。

自衛隊による募集、隊力投入募集から、自治体募集、部外との連携による募集に移してゆかなければならない。一朝有事のさいには、自衛官による募集、隊力による募集というようなものは考えられない。この意味で平素から、市町村募集、部外との連携による募集をやっていく。(「朝雲」一九六五年六月一〇日)

民間からの〝引き抜き〟問題に

しかし、いくら「組織募集」の推進という方針が出されても、高度経済成長の厳しい募集環境の中で毎年約三万人の新隊員を入隊させるには、やはり最後は地連広報官の「人海戦術」に頼るほかなかった。

一九六九（昭和四四）年には「2士」男子の倍率は一・八倍にまで落ち込み、一九七三（昭和四八）年には、「低知能者」（ママ）の「混入率」（ママ）は九・八％にまで上昇したという（『偕行』二〇〇九年一月号）。この数字は、全国の地連広報官たちがいかに無理をして志願者をかき集めたかを物語っている。

実際、この時期も、広報官の強引な勧誘がしばしば新聞記事になっている。

たとえば一九七一（昭和四六）年八月二四日の「朝日新聞」には、大阪で起こった地連広報官による「電光石火の店員引抜き」事件の記事が出ている。概要はこうだ。

休みに大阪に遊びに行った奈良市内の二一歳の住み込み店員に、大阪地連の広報官が路上で「自動車の運転免許もタダでとれる」などと言って勧誘し、すぐに試験を受けさせて入隊させた。店員は、福岡県の中学校を卒業した後、五年前から奈良市内の奈良漬け屋で住み込みで働いていた。勧誘の際、広報官は「主人にいいにくければ、晩にでも抜け出してこい。ごたごたしても荷物は必ず隊で運んでやる」と話したという。実際、この三日後、広報官らはライトバンで店に荷物を取りに行った。

記事には、憤慨する店主の「中小企業は一人をとるのがやっとで人手不足は死活問題。国を守る自衛隊といっても、国が、しかも道義にもとるやり方までして、店員を引抜いて、中小企業をいじめねばならないのか納得できない」というコメントも載せている。

また、この記事の隣りには、長崎地連が交通違反や傷害事件で保護観察中の少年一〇人を自衛官に採用したことが発覚した記事も出ている。

これを受けて、行政管理庁長崎地方監察局が調査した結果、一九七一年元日から七月末までに、九州全県で自衛隊に入隊した六二六六人のうち、七一人が保護観察中の少年であった。

「募集は恥部。だが、やらねばならない」

新入隊員がどのように志願したかを調査した防衛庁の内部資料によると、一九七二年度は、誰の勧誘も受けずに自主志願した者はわずか一〇・一%で、街頭での勧誘が一七・五%であった。

「組織募集推進」の方針が打ち出された一九六六年度は、自主志願が三四・四%、街頭勧誘が三・三%だったので、防衛庁の思惑とは逆に、むしろ地連広報官による「人海戦術的募集」の傾向はさらに強まってしまっている。

このことを報じた一九七四（昭和四九）年三月二三日の「朝日新聞」夕刊の記事には、自衛官募集現場のリアルな実態が紹介されているので、少し長くなるが引用したい。

各都道府県にある自衛隊地方連絡部の人員はふえ、定員は五十個地連で八百九十一人なのに、実際には臨時勤務などの形で三千二百人。一般の部隊も秋の農繁期に出稼ぎ者が帰郷する時期などには募集の応援に出る。ひどい所では訓練を一週間程度やめて人集めをする。まるで募集のために自衛隊があるような形。

特に都会では縁故が頼りにくく、ことしの募集目標を三千人に引き上げた東京地連では、六三%が街頭勧誘。約二百人の「広報官」を都内二十四カ所の募集事務所に配置。上野、新宿、蒲田、渋谷、池袋などの盛り場には常時十人近くが張り込んでいる。

東京地連で最優秀の募集係の一人、×××一曹（三八）は上野担当。上野公園が得意の場所で、ブレザーコートにネクタイの一見刑事風だ。若い男をみつけると「自衛隊のパンフレット見ませんか」と声を掛ける。受け取ってくれれば脈がある。ベンチに誘って「最初の給料は衣食住つきで四万三千五百円……」と話し込めればなお有望。「試験を受けてみなさいよ」と事務所へ連れて行く。勤め人が多いので、元の雇い主が「引き抜きだ」と怒ることが多く、あとの世話も大変。月に二人を入隊させるのが〝広報官〟の平均だ。

自衛隊に入って十六年、募集を初めて四年半の×××一曹は昨年四月以来三十五人を入隊させたが、そのために夏は朝六時、冬は八時から上野公園を歩き回る。夜は家へ行って家族や雇い主の説得など九時か十時までの勤務が普通。日曜出勤も多い。東京地連の統計では休日は月に平均二回、一日の勤務時間平均十四時間、自衛官には時間外手当はない。手土産、喫茶店の払いなど個人の支出が月七千円。支給旅費（手当）は三千円。

競争相手の手配師は、一人集めると十万円。相手に飲ませ食わせも盛んだ。「物量の不足を精神力で補う、というわけで」と今年度上野で四十六人を集めた××××二曹（三六）は苦笑いする。

「物量の不足を精神力で補う」とは、まるで大戦中の「旧日本軍」のようだが、現場の広報官たちは自腹まで切って、まさに「血のにじむような努力」をして志願者をかき集めていたのである。

この記事では、最後に防衛庁の池田久克人事二課長のこんな「正直」なコメントも紹介している。

募集は正直に言えば自衛隊の恥部。だが、これがなければ自衛隊は成り立たない。いろいろ手は考え、募集予算もふやしているが……。万一、実際に外国軍の侵略を日本が受けるようなことがあれば、志願者もふえると思うが……。

活躍も募集には結び付かず

結局、募集難は一九九二（平成四）年にバブルが崩壊するまで続いた。この間、「2士」

【図表5】自衛隊「2士」応募倍率の推移

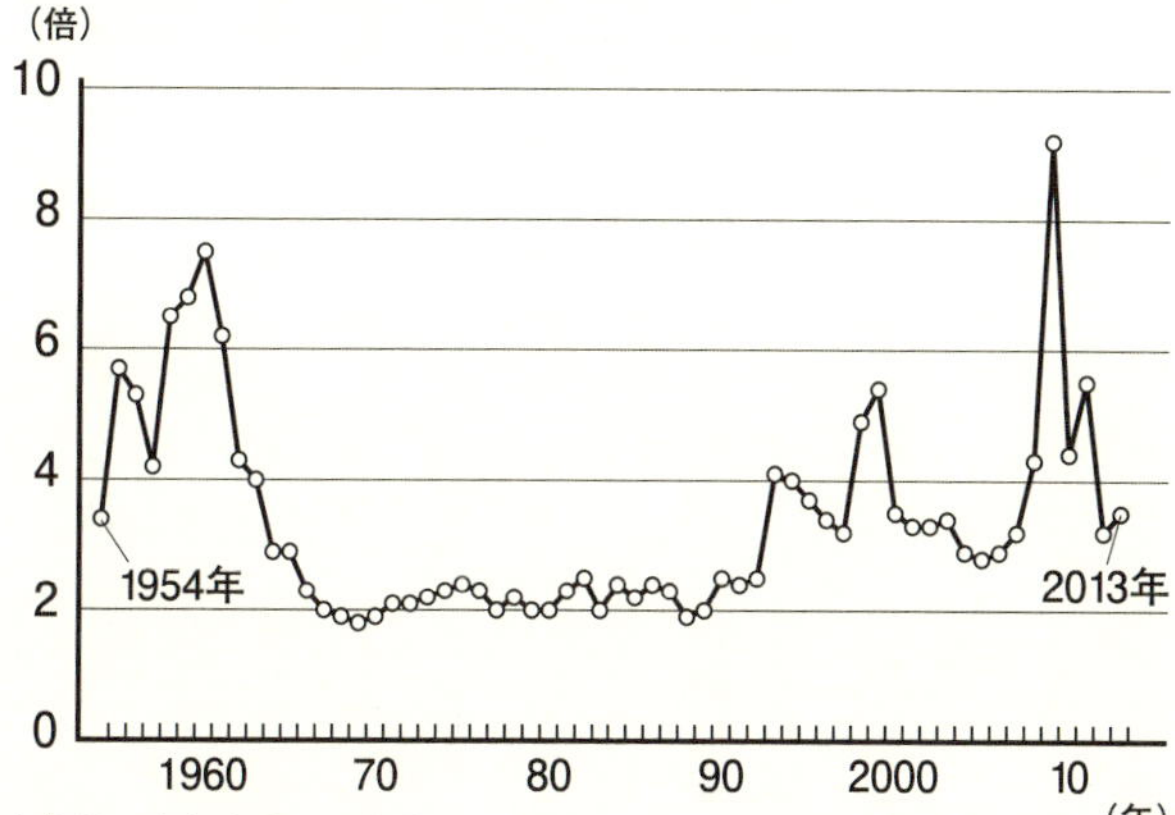

自衛隊の内部文書より作成

の応募倍率はずっと二倍前後の「低空飛行」で、自衛官募集の現場は質よりも量を確保するのに必死であった（図表5）。

一九九一（平成三）年一二月二八日の「朝日新聞」夕刊には「自衛隊、募集難続く　掃海艇派遣など〝活躍〟も好転ならず」という記事が掲載されている。

掃海艇の中東派遣や長崎・雲仙の災害派遣など自衛隊の活動が目立った一年だったが、深刻な隊員の募集難に好転の兆しはなく、厳しい状況が続いている。セールスポイントになるはずだった国連平和維持活動（ＰＫＯ）参加は世論の激しい反発から、担当者らは募集時の話題にするのを避け、ひたすら処遇面の魅力を訴える「防戦」を強いられている。

記事では、ペルシャ湾に派遣された海自第一掃海隊群司令部のある広島地連や、雲仙・普賢岳の災害派遣で県内の陸自部隊が活躍した長崎地連のコメントも紹介している。

「掃海艇の功績は数字に結びつかなかった。むしろPKOについて親御さんにいろいろ尋ねられることが多く、どう答えていいか困っている」（広島地連）、「雲仙の活躍を入隊の動機にした隊員はいない。給料のいい民間企業に流れ、災害派遣はまったくと言っていいほど人集めに結びつかない」（長崎地連）と、いずれも苦しいものとなっている。

バブル崩壊、リーマン・ショックによる志願者の増加

防衛省・自衛隊が「狂乱募集時代」と呼ぶ高度経済成長期以来の長期にわたる募集難は、一九九二年のバブル崩壊によって終わりを告げる。

バブル崩壊で民間企業の新卒採用は激減し、逆に自衛隊の志願者は急増した。一九九〇

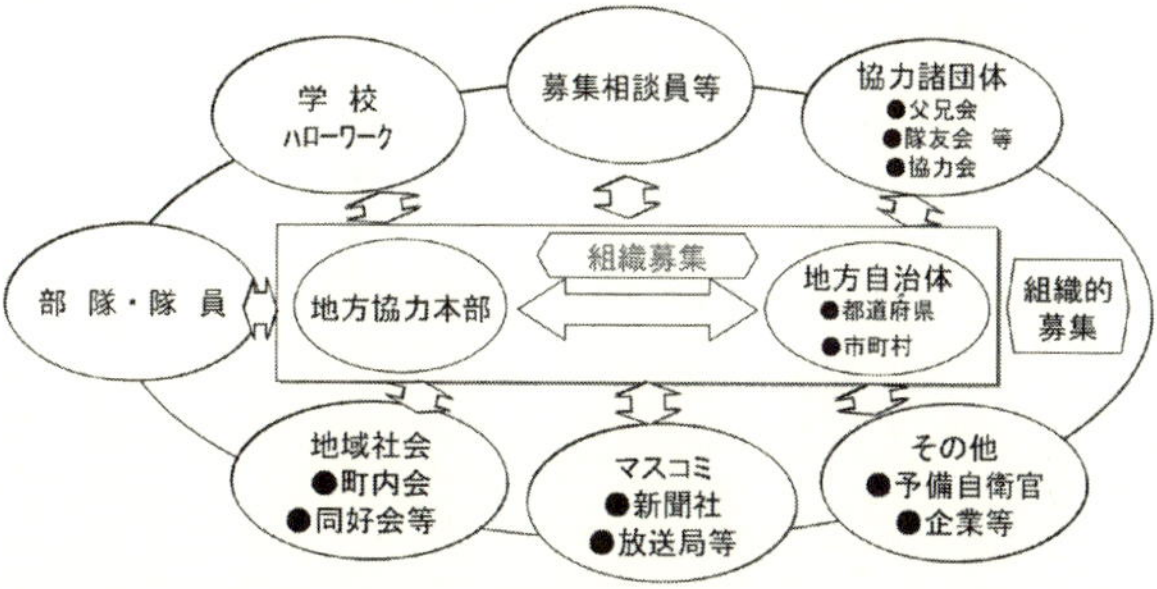

「組織的募集」のイメージ図（自衛隊内部資料より）

（平成二）年には約八万四九〇〇人だった志願者は、一九九九（平成一一）年には約一五万九〇〇〇人と二倍近くに膨らみ、自衛隊は一転して「狭き門」となった。「2士」男子の倍率も、一九九〇年には二・五倍だったのが、一九九九年には五・四倍と倍以上に跳ね上がっている。

　志願者が増えたことで、それまでの街頭募集は影をひそめ、量より質を追求するために、学校やハローワークを通じて、あるいは隊員や協力団体（自衛隊父兄会、隊友会など）のツテを使って募集する「組織的募集」が重視されるようになった。

　リーマン・ショックによる世界同時不況の真っ只中にあった二〇〇九（平成二一）年五月、さいたま新都心（埼玉県）のホテルで、「都県（自衛官）募集連絡会議」が開かれた。

関東甲信越に静岡県をあわせた一一都県の地方協力本部長と各都県庁の募集事務担当者など約五〇人が出席したこの会合で、防衛省の人材育成課長は次のように発言した。

リーマン・ショック後、雇用情勢が急激に悪化し、一時的に自衛官募集が一服する可能性はあるが、中長期的には厳しい状況が続く。こうしたときにこそ募集基盤を固める必要があり、本会議を通じて自衛隊と自治体の双方が協力関係を深めていただきたい。

不況で一時的に追い風が吹いたとしても、中長期的には少子化などによって自衛官募集は今後ますます厳しくなっていくというのが、防衛省・自衛隊の基本的な認識だ。

これに対応するために、地方自治体、学校、各種協力団体などを通じて組織的に良質の隊員を確保する「組織的募集」のシステムを今のうちに固めて、日本中に自衛官募集の網の目を張り巡らせようとしているのである。

第四章

「学校を開拓せよ！」

——募集困難時代への対応

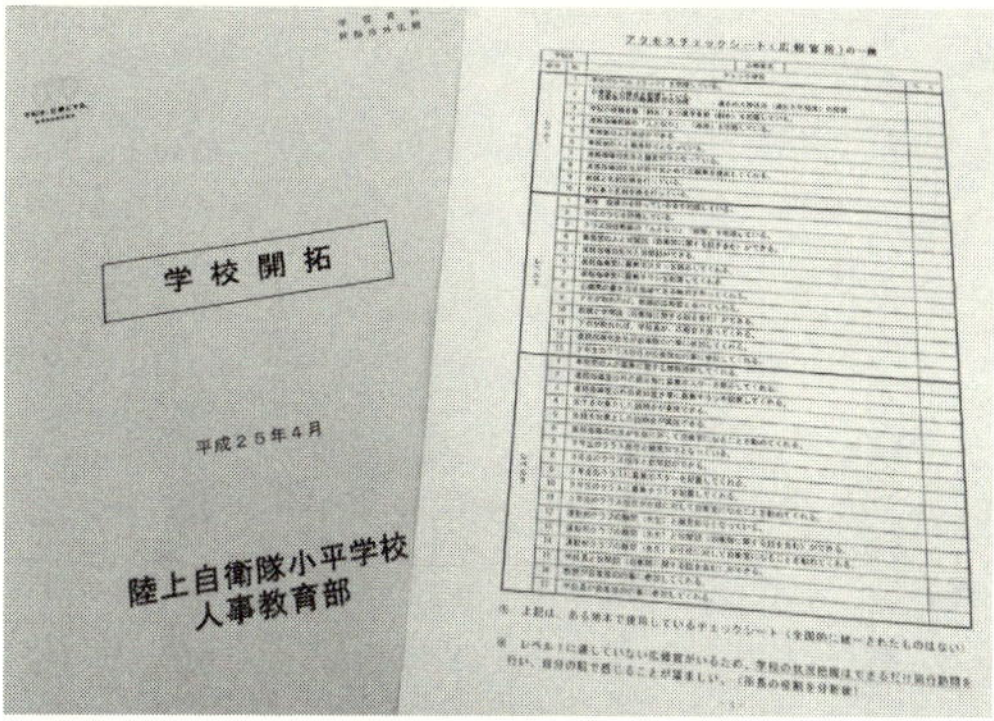

高校を中心とした「学校開拓」を重視する自衛隊。広報官の学校浸透度を量るチェックシートも（筆者撮影）

「全ての高校で自衛隊説明会を実施すべき」

二〇一三（平成二五）年一二月三日の北海道議会本会議。この日、最後の質問に立った自民党会派の梅尾要一議員は、自衛官募集にかかわる高校の対応について取り上げた。

梅尾議員は、札幌地方協力本部が担当する管内の高校一五一校のうち、依頼があるにもかかわらず自衛隊の就職説明会を実施していない高校が一八校、自衛官募集のポスターを掲示していない高校が一七校、自衛官募集案内のパンフレットを置いていない高校が六校、自衛官の制服による学校訪問を許可していない学校が六校あると指摘。その上で、「生徒が将来の職業を選択する上で、仕事の内容の説明を聞く機会が数多くあることが望ましく、希望者の有無にかかわらず全ての学校で自衛隊の説明会を実施すべきと考えるが、教育長の御所見を伺いたい」と質問した。

これに対し立川宏教育長は、「生徒が、就職を希望する職業の業務内容や勤務形態などについて理解を深めることは大切なことであり、道教委としては、議員が御指摘のようなことが今後起こることのないよう、道立高校に対し改めて周知を行うとともに、各学校において適切な対応が行われるよう必要な指導を行っていきたい」と答弁した。

梅尾議員が「全ての学校で自衛隊の説明会を実施すべき」とする根拠として挙げたのは、地方自治体が自衛官募集に関する事務の一部を行うと定めた自衛隊法第九七条である。だが、同法施行令で地方自治体の事務として具体的に規定されているのは、募集期間の告示や志願票の受付、受験票の交付などで、あとは「自衛官募集に関する広報宣伝を行う」と一般的に書かれているに過ぎない。具体的にどのような協力を行うかは、各地方自治体の判断に委ねられているのである。

梅尾議員の言うように、全ての高校に自衛隊の説明会の開催を義務付けるような規定は、自衛隊法にも同法施行令にも存在しない。その点からも、梅尾議員の主張を認めるかのような道教育長の答弁は適切を欠いている。

ちなみに梅尾議員は、二つの陸上自衛隊駐屯地と一つの航空自衛隊基地を抱え、人口の約三割を自衛隊関係者が占める千歳市の選出で、北海道議会の防衛議員連盟の事務局長も務める自衛隊とは関係の深い政治家である。

このように、自衛隊は協力的な地方議員とも連携して、自衛官募集への地方自治体や学校の協力を広げようとしている。

説明会開催は全国の高校の約四割

少子化や安保法制の影響などで自衛官募集が厳しくなることが予測されるなか、自衛隊がその対策として特に重視しているのが、学校の協力の獲得である。

前章で紹介した防衛庁（当時）の内部資料にもあるように、学校には一定の学力を有し、「世間ずれ」していない良質の募集適齢者がまとまって存在しているとともに、教員などを通じて生徒の就職の意思や自衛隊に対する感情、家庭状況などの情報を入手して効率よく募集活動ができるからである。

二〇一三年一一月に防衛省で開かれた「平成二五年度募集・援護担当者会議」でも、学校の協力獲得の重要性が強調された。

この会議には、防衛省の陸・海・空各幕僚監部と内局の担当者、各方面総監部の募集課長ら約四〇人が出席。ここでも、少子・高学歴化で募集環境が厳しさを増すなか、どのように良質な隊員を安定的に確保していくかが主要なテーマとなった。

最初に報告を行った担当者は、二〇一二年度の自衛官候補生の男子入隊者が、どのような募集手段で志願に至ったかを調べた結果を示した。

それによれば、勧誘なく自主志願した者は二四％、広報官などによる個別募集が四八％、学校を通じた募集が二三％、自治体等を通じた募集が三％、その他部隊等を通じた募集が二％であった。

この結果について担当者は、「自治体等による募集は低調。個別募集も広報官の減少から、拡大は見込みなし」とする一方、学校を通じた募集については「有効な一手段として拡大の見込みあり」とその重要性を強調した。実際、各地方協力本部の募集課には「学校班」が置かれ、学校の協力の獲得を意識的に追求している。

自衛隊が、学校の協力の度合いを量る指標にしているのが、「学校説明会」の実施率である。

「募集・援護担当者会議」で配布された説明資料によれば、二〇一二年度で、全国の約四割の高校（五〇五〇校中二〇五三校）、約七割の大学と短大（八四四校中六〇九校）で実施されている。この数字について、同資料は「高校は低調、大学・短大はやや低調」と評価し、実施校のさらなる拡大を強調している。

「学校開拓マニュアル」の中身

自衛隊は、自衛官募集に学校の協力を獲得することを「学校開拓」と呼ぶ。筆者は、広報官向けに用いられている「学校開拓マニュアル」ともいえる内部文書（本章扉写真）を入手した。この文書は、自衛隊の実務に関する教育機関である陸上自衛隊小平学校で開講されている自衛官募集業務についての教育課程で使用されているテキストの一種である。

この「マニュアル」では、「学校開拓」において、広報官がまずやるべきことは「高校の分析」だとしている。自衛隊として何を売り込めばいいのかを、その高校のレベルに応じて「学校の立場で考察」することが重要だというのだ。

実際に、高校のレベルを偏差値で一〇段階に分けて、各レベルに応じた学校分析と開拓の具体例が紹介されている。

たとえば、「レベル４」以下の就職中心の高校で「地方型」の場合、次のように記している。

地元が抱える企業の大小にもよるが、関東近傍を除く地方の高校になればなるほど求人は低く、公務員志向の高校が割りと多い。公務員志向の高校は自衛官になることのメリットを承知し、少ない求人を有効に学生のために使うことを考えるため、地方協力本部と協力しながら「学校説明会の開催、ハイスクールリクルーターの来校、職員の部隊研修」を計画し、積極的に関係を向上させることができる。

他方、「レベル9〜10」の東大合格者を多く出すような進学校については、「このような高校に自衛官募集（就職）を投げかけることは、学校との関係を低下させ、進路指導教諭は広報官の訪問を拒絶するようになる」としている。

また、このテキストには広報官がどれだけその高校に食い込めているかを量るためにある地方協力本部が作成した、「アクセスチェックシート」なるものも掲載されている。いくつか紹介すると、「レベル1」が「進路指導教諭の『人となり』『経歴』を把握している」「事務室の人と挨拶ができる」など、「レベル2」が「進路指導室に募集ポスターを掲示してくれる」「アポが取れれば、学校長が広報官と会ってくれる」など、「レベル3」が「事務室の人が募集に関する情報提供をしてくれる」「生徒を対象とした説明会が開催できる」「進路指導の先生が生徒に対し自衛官になることを勧めてくれる」などとされている。

このように、自衛隊の広報官はしばしば学校を訪問して教職員と人間関係を構築し、より深く自衛官募集に協力してもらえるよう地道な働きかけを行っているのである。

アメリカの高校生募集戦略

アメリカでも軍のリクルーターの最大のターゲットは高校生である。堤未果氏が『ルポ貧困大国アメリカ』で詳しくレポートしているように、高校での募集活動が活発に行われている。

同書にも紹介されているように、ブッシュ政権がアフガニスタンでの「対テロ戦争」を始めた翌年の二〇〇二（平成一四）年一月には、教育改革を名目に制定された「落ちこぼれゼロ法（No Child Left Behind Act）」で、高校は軍のリクルートのために生徒の氏名、住所、電話番号のリストを提供しなければならない（保護者から提供しないよう申請があればリストから除外できる）との条項が盛り込まれた。

さらに、高校がリストの提供を拒否すれば、連邦政府からの補助を受けられなくなる可能性もあるとされた。この法律により、軍のリクルーターは高校生に対して以前より容易にコンタクトできるようになった。

その後、アフガニスタンやイラクでの戦争で犠牲者が増え新兵募集が困難になると、以前にも増して高校は軍のリクルーターたちのターゲットとなった。

「ボストン・グローブ」紙（電子版）は二〇〇四（平成一六）年一一月二九日、「軍リクルーターは戦略的に学校をねらう」という見出しの記事を配信した。米軍は富裕層の生徒が多く通う高校よりも、そうではない高校を重点的に新兵リクルートのターゲットにしているという内容だ。

記事では、マクダナー高校とマクリーン高校という対照的な二つの高校での軍のリクルート活動を具体的に紹介している。

例年、「労働者階層」の家庭の生徒が多いマクダナー高校から軍に入隊する卒業生の数は、比較的豊かな家庭の生徒が多く大学進学率も高いマクリーン高校の六倍となっている。

マクダナー高校では、ＪＲＯＴＣ（下級予備役将校訓練課程）という国防総省が実施する教育プログラム（詳しくは後述）を導入しており、米軍の退役軍曹が授業を行ったり、校内の食堂では軍のリクルーターたちがキーホルダーなどと一緒に募集案内のパンフレットを生徒に配って歩く。

一方、マクリーン高校はＪＲＯＴＣを導入しておらず、軍のリクルーターは他の部外者と同様、訪問のたびに許可を得なければ校内に立ち入ることができない。軍のパンフレットは、進路指導室に山のようにある大学の入学案内にまぎれてしまって目立たない。

記事は「校長と教師は高校での新兵募集の成否において決定的な役割を担う」として、二つの高校の進路指導カウンセラーの対照的なスタンスを紹介している。

自身の子どもも軍歴があるマクダナー高校の進路指導カウンセラーは、軍のリクルーターが学校に提供するサービスに感謝し、生徒たちに「もし何がしたいか分からないなら、軍に入ることは良い選択になるだろう」と志願を勧めている。

一方、マクリーン高校の進路指導カウンセラーは、軍に関心を示す生徒に対しても、軍に入ることはメリットもあるが、「逆に（アフガニスタンとイラクで戦争を行っている）今、入隊すれば、あなたは殺されるかもしれない」とリスクについてもしっかりと説明する。

記事では、マクダナー高校担当の軍のリクルーターのコメントも紹介している。リクルーターは、若者たちに貧しい生活を改善する選択肢がないなかで、軍に入ることはその唯一の道だと話す。実際、貧困地域で生まれ育った彼の高校の同級生の多くは死んでしまったか、刑務所で服役しているという。そして、「もう一度、進路を選ぶことができたとしても、私は同じ道を選ぶでしょう。私は軍でチャンスを手にすることができました」と話す。

記事で、国防総省の新兵募集担当者は「（新兵募集の）マーケティングのターゲットは平等ではない」と率直に語っている。「広告やマーケットリサーチの専門家は『魚がたくさんいるところで釣りをしなさい』と教えてくれる。だから我々は『収益』を最大化できそうな場所に集中する」。

軍のリクルーターたちは、国勢調査による社会経済統計、各高校のリクルート統計、適齢者人口の多い郡の郵便番号、最も有望な対象者を特定する他の個人情報などを結びつけるコンピューターシステムを使って、優先的なターゲットを割り出す。

生徒の個人情報は、「おちこぼれゼロ法」に基づき学校から入手するとともに、国防総省が各高校に無料で提供する「適職診断プログラム」によって得ているという。自分にはどんな仕事が向いているかを診断するプログラムだが、軍のリクルートマニュアルによると、リクルーターに生徒の個人情報を提供するために特別に設計されているという。

「ハイスクールリクルーター」

自衛隊は、「学校開拓」を推進するために、二〇〇七（平成一九）年から「ハイスクールリクルーター」制度をスタートさせた。

ハイスクールリクルーターには原則として、その高校出身の入隊五年以内の若い隊員が任命される。日常的には所属部隊で勤務し、必要に応じて地方協力本部の広報官などとともに学校を訪問し、母校との関係強化を図りながら募集を推進するのが任務だ。その高校を開拓するのには卒業生の隊員を使うのが一番、という発想から生まれた制度である。

筆者が情報公開請求して入手した二〇一四年度の「ハイスクールリクルーター指定者名簿」によると、北海道から沖縄まで全国の高校・専門学校に計一〇五五人の卒業生隊員がハイスクールリクルーターとして任命されている。なかには、北海道の旭川工業高校のように、陸・海・空の三自衛隊すべてから計四人ものハイスクールリクルーターが指定されている「重点校」もある。

ハイスクールリクルーターの最大の出番は、母校での学校説明会である。岩手地方協力本部のウェブサイトには、こんな記事が出ている。

岩手地本一関出張所は(二〇一三年)六月二五日、岩手県立花泉高校で行われた「先輩の話を聞く会」を支援した。

これは進路説明会の一環として三年生(四三名)を対象に毎年行われているもので、同校卒業生のハイスクールリクルーター陸士長×××が参加した。

校内に入ると「×××先輩じゃない?」「カッコイイ自衛隊だ!」とささやく声に迎えられ、先輩隊員の戦闘服姿は抜群の効果をあげた。

会が始まると、「部隊の仕組み」や「体験談」などを語り、「どんな仕事でも本気でやらなくちゃダメだ！　自分の高校時代は目標を持たず、なんとなく自衛隊の道を選んだが、入隊して仕事に向き合う姿勢の大切さを教わった」と後輩に熱く語る場面もあった。

会の終盤には、自衛隊に興味がもてたか等を話掛けながら、自衛官募集チラシやうちわを全員に配り自衛隊受験を勧めていた。

先輩隊員の話を聞いた学生からは「自衛隊の休日」「体力について」など、多くの質問がでた。

説明会終了後、進路指導教諭からは「はじめは自衛官希望者はゼロでしたが、生徒は自衛隊を知らないだけ、今日の話で多くの生徒の気持ちが動かされた」と語っていた。

ハイスクールリクルーターの「効果」について、北海道のある高校教員はこう話す。

「以前は、地方協力本部の中年の幹部がやってきて説明をしていたのですが、最近は必ず卒業生の隊員（ハイスクールリクルーター）を連れてきて、体験談を語らせます。昨年来た卒業生は『自衛隊は自由もないし、体力的にもきついけど、お金の面では恵まれている。自分もこんなに貯金してお袋にプレゼントを贈ることができたし、ただで資格もとれた』といった話をしていました。やはり、まったく知らない人が話すより、年も近い高校の先輩が実体験を語った方が身近に感じますよね。教員側も心情的に、あまり冷たい対応はできなくなります」

筆者は、二〇一三年度の「ハイスクールリクルータによる募集広報実施成果」と題する報告書を入手した。これによれば、ハイスクールリクルーターが活動した結果、「対象校」から約一万三五〇〇人が学校説明会に参加し、そのうち一八五八人が入隊している。

陸上自衛隊東部方面隊が作成した報告書はその成果をこう記している。

地本（地方協力本部）等で実施した各種説明会に積極的に参加し、志願者・受験者及び入隊予定者の不安感を払拭させる等、受験及び入隊意欲の向上に寄与した。リクルーターは対象者との年齢も近く、より近い距離感で接することができることから、広報効果が高いと考える。

全体的には大きな「成果」をあげている一方、思うように学校にアクセスできない県もある。

陸上自衛隊東部方面総監部が二〇〇八（平成二〇）年五月に長野市内で開いた「都県募集連絡会議」では、各地方協力本部から、高校での説明会実施の現状や問題点、改善のための対策が報告された。

会議で配布された資料によると、新潟地方協力本部は、「教育現場に自衛隊が入り込むことへの抵抗」から学校説明会が開催できていないとし、「広報官による（生徒宅への）個別訪問に頼らざるを得ず、効果的な募集ができない」と指摘。同じく説明会が開けていない長野地方協力本部も「一般募集広報により広く志願者を獲得しなくてはならず非効率」とし、今後の対策として、県の教育委員会や校長会への協力依頼などの働きかけを行っていくと記述している。

学校の「教育」と自衛隊の「募集」

自衛隊の学校への働きかけは、学校説明会だけではない。

学校説明会は、直接的な自衛官募集のための活動だが、ほかにも自衛隊が「種まき広報」と呼ぶものがある。

なかでも力を入れているのが、「総合的な学習」や「キャリア教育」の一環としての自衛隊への職場体験＝体験入隊である。

「総合的な学習」とは、「『生きる力』の育成をめざして」（文部科学省ウェブサイト）二〇〇〇年度から小・中・高などで実施されているもので、各学校が創意工夫をこらしてこれまでの教科の枠を超えた横断的・総合的な学習を行っている。また、「キャリア教育」とは、「一人一人の社会的・職業的自立に向け、必要な基盤となる能力や態度を育てること」（「中央教育審議会答申」二〇一一年一月）と定義され、これも文部科学省が推進している。

たとえば、滋賀地方協力本部のウェブサイトには、二〇一四（平成二六）年七月に県内の航空自衛隊と陸上自衛隊の基地で行った、県立高校のインターンシップ支援の記事を掲載している。

これによれば、滋賀県立彦根工業高校が滋賀県教育委員会のキャリア教育プログラム「職の担い手育成事業」の一環で行ったインターンシップを、地元の滋賀地方協力本部彦根地域事務所が支援。参加した高校二年生八人は、航空自衛隊の饗庭野《あいばの》分屯基地でパトリオット迎撃ミサイルなどの装備品を見学したり、陸上自衛隊今津駐屯地で戦車回収車の試乗や食堂での体験喫食を行った。

滋賀県出身隊員と懇談した生徒たちは、「自衛官になるためには資格は必要ですか」「自衛隊ではどのような仕事をしていますか」「訓練は厳しいですか」などと熱心に質問し、参加者全員がアンケートで「自衛隊に興味が持てた」と答えたという。

記事は最後、「滋賀地本は、今後ともキャリヤ教育等の支援を大々的に広報して、多くの生徒が自衛隊での職場体験を通じて興味を抱き、将来入隊を志願してもらえるきっかけにしていきたい」と結んでいる。

防衛省の広報活動に関する内部文書によれば、こうした小・中・高生の体験入隊への参加者数は、二〇〇六年度は一三五三件で約二万一〇〇〇人だったのが、二〇一三年度は三

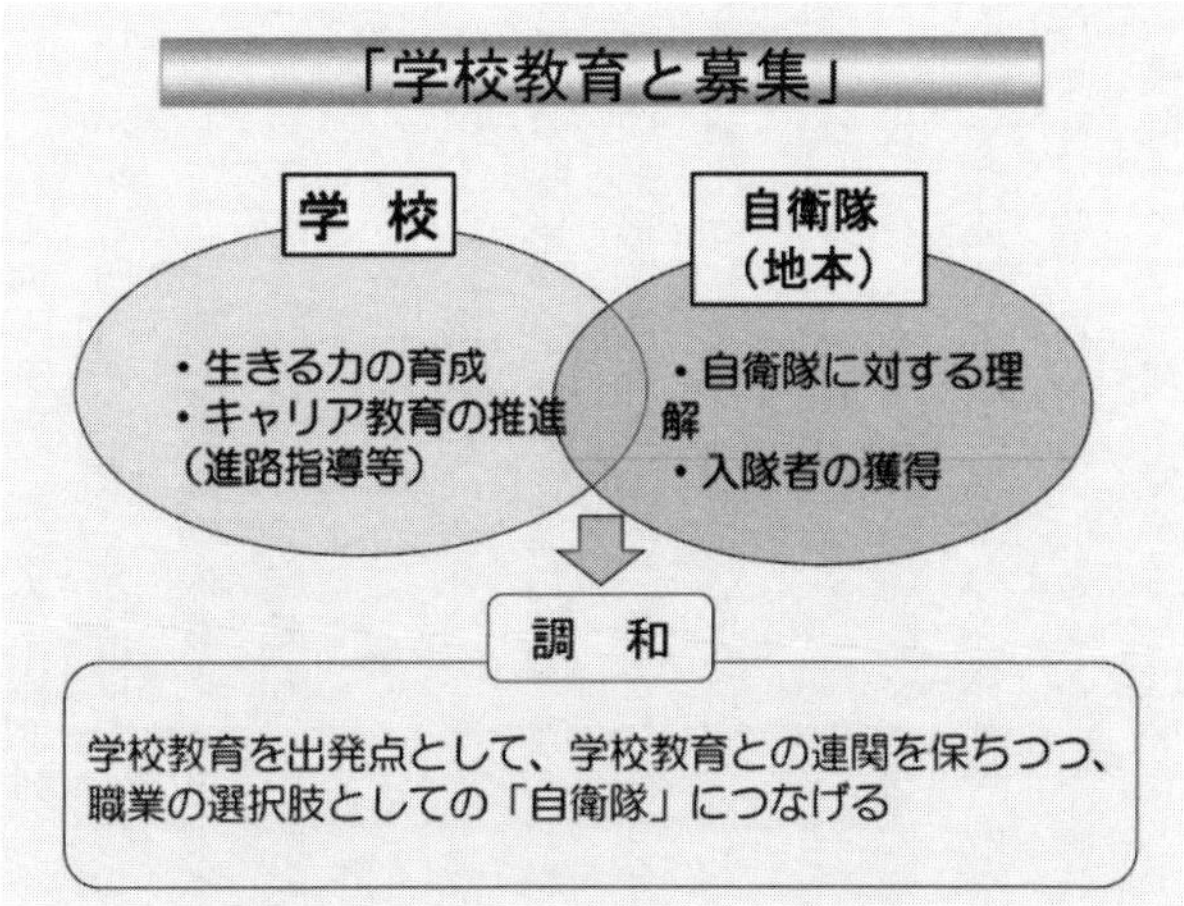

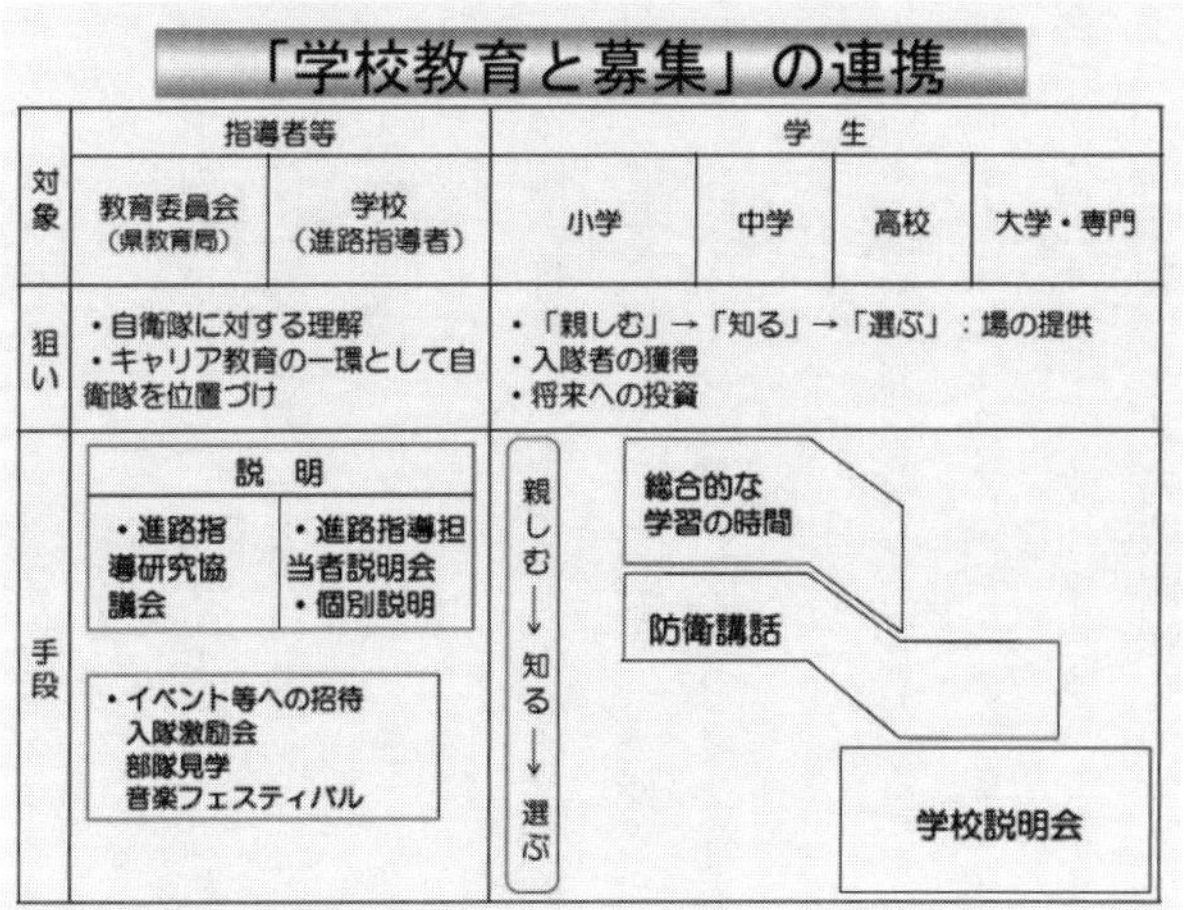

学校教育と自衛官募集の連携について表した内部文書

四二三件で四万五九八一人（内訳は、小学生が五五八四人、中学生が二万六三一七人、高校生が一万四〇八〇人）と倍以上に膨らんでいる。

そして、重要なのは、滋賀地方協力本部の記事の結びの一文が示すように、学校や教師にとっては「教育」の一環でも、自衛隊にとっては「募集」が最大の目的だということである。

前ページに掲載した文書は、ある首都圏の地方協力本部が作成した、学校教育と自衛官募集の関係について整理したチャートだが、学校側の目的（「生きる力の育成」「キャリア教育の推進（進路指導等）」）と自衛隊側の目的（「自衛隊に対する理解」「入隊者の獲得」）を「調和」させ、「学校教育を出発点として、学校教育との連関を保ちつつ、職業の選択肢としての『自衛隊』につなげる」としている。

学校教育と矛盾しない範囲で、自衛隊への理解を深め、将来的な志願者の獲得につなげるという趣旨だが、実際の「体験」のなかには、中学生の生徒に練習用の模擬ナイフを持たせて、敵の殺傷を目的とする「軍隊式」の格闘訓練を施したケースもあった。

模擬ナイフを使っているとはいえ、ナイフで人間を殺傷する格闘訓練を中学生に体験させるのは、いくらなんでも中学生に対する学校教育の範囲を超えているだろう。生徒を自衛隊の体験入隊に送り出す学校や教師たちは、そういった体験の中身まで把握しているのだろうか。

東日本大震災の影響

二〇一一（平成二三）年の東日本大震災での自衛隊の活躍も、学校説明会や自衛隊への体験入隊などが増えている理由となっている。

二〇一一年度の「募集・援護担当者会議」では、「東日本大震災が募集業務に及ぼした影響」が議題の一つとなった。各地方の自衛官募集を統括する陸自各方面隊からは、「部外講話・学校説明会への講師の派遣、総合学習、職場体験の依頼が増加」（東北方面隊）、「学校等から災害派遣に関する写真パネル展示や講演の依頼が多くなった」（東部方面隊）、「学校等から防衛講話の依頼が増加し、『総合的学習の時間』等の働きかけにも好反応」（中部方面隊）などの報告が続いた。

災害派遣活動に参加した隊員が、学校に出向いて「講話」をするケースも増えている。

帯広地方協力本部（北海道）のウェブサイトには、二〇一五（平成二七）年一月二九日に同地方協力本部の山下和敏本部長が釧路市内の小学校で「防災出前教室」を行ったニュースが掲載されている。

東日本大震災当時、施設科部隊の指揮官として福島第一原子力発電所近隣地区の捜索活動などに当たった山下本部長は、同校の五、六年生四三人を前に「東日本大震災　自衛隊の活動の現場から」と題して講話。生徒らは感想文に「震災が起きた時の映像を見たとき泣きそうになった」「被災者に温かい食べ物をあげて、自衛隊の人は陰で冷たい缶詰を食べているのが驚いた」などと記したという。

そして、ニュースは最後をこう結んでいる。

帯広地本は、今後も自衛隊を身近な存在にすべく「将来の種まき」を積極的に実施し、小・中学校やPTAを含めた広報にも力を入れ、将来を見据えた自衛隊に対する理解の促進に努めていく。

自衛隊にとっては、小学校への「防災出前教室」もまた、将来の自衛官募集につなげる「種まき広報」の一つなのである。

道徳教育の一環としての「宿泊防災訓練」

東京都では、都教育委員会の方針として自衛隊と連携した防災教育が推進されている。東京都教育委員会は二〇一二（平成二四）年二月、新しい「都立高校改革推進計画」の第一次実施計画を策定。その中で、「災害発生時、自分の命を守り、身近な人を助け、さらに避難所の運営など地域に貢献できる人間を育てる」ことをねらいとして、すべての都立高校で一泊二日の「宿泊防災訓練」を実施するほか、「防災教育推進校」に指定した高校では特別に二泊三日で同訓練を実施することを決めた。訓練実施にあたっては、東京消防庁や日本赤十字社とともに自衛隊とも連携するとしている。

防災教育推進校に指定された都立田無工業高校（西東京市）は二〇一三年七月、参加を希望した三四人の生徒が陸上自衛隊朝霞駐屯地（練馬区など）で二泊三日の宿泊防災訓練を実施。翌一四年二月には、二年生全員（一五五人）を対象に、東京地方協力本部の全面協力のもと都のスポーツ施設で同訓練を行った。

都教委は、防災訓練を道徳教育の一環としても位置付けている。その背景として、「若者の規範意識の低下や内向き志向などの意識の変化」（「都立高校改革推進計画」）があるとも述べている。これが、若者に規律や「世のため人のために尽くす」ことを学ばせるには自衛隊がいい、という考えにつながってくる。

そもそも、二〇一二年度からスタートしたこの「防災教育」は、二〇〇七年度より都独自の必修科目として導入された教科「奉仕」を発展的に拡大させたものである。

「奉仕」の義務化については、二〇〇〇（平成一二）年に首相の私的諮問《しもん》機関「教育改革国民会議」がとりまとめた最終報告で「奉仕活動を全員が行うようにする」という提言が出され、政府内でも奉仕活動の義務化が検討されたことがあった。しかし、内閣法制局が「奴隷的拘束及び苦役からの自由」を規定した憲法第一八条に抵触する可能性があるとの見解を示したことから、義務化は見送られた。しかし、東京都では石原慎太郎知事（当時）の強い意向を受けて、都立高校の必修科目として「奉仕」が導入されたのである。

石原氏は二〇一一年一一月一六日に開かれた教育再生・東京円卓会議で、「今の若者は意欲がなくなっている。（徴兵制のある）韓国のまねではないが、高校を卒業した後、兵役か警察か消防に二年間ぐらい強制的に行かせたらどうか」とも発言している。

「軍隊式教育」の真のねらい

前章でも述べたように、若者の教育に自衛隊を活用したらどうかという主張は、これまでもたびたび登場してきた。

陸上自衛隊の中部方面総監も務めた松島悠佐氏は、著書『教育改革は自衛隊式で―教育のプロ集団・自衛隊』のなかで、現在の若者の社会道徳の乱れの要因は「個人の権利偏重」の「戦後教育」が招いた「奉仕の精神の欠落」にあるとし、次のように述べている。

私は自らの体験から、青少年の教育において、一度でよいから規律の下で集団生活をおくる機会を与えてやる必要があると思っている。しかし、いかんせん自衛隊は志願制であり、徴兵制を採用しない限りそれを実現するわけにはいかないが、できれば徴兵制にして、半年でもよいから自衛隊に入れて教育すれば、昼間から駅前などにしゃがみこんで、手持ち無沙汰にたむろしている若者の大半はいなくなるような気がする。

アメリカでも徴兵制ではないが、在学中の高校生に軍の教育を受けさせる制度がある。

前出の堤氏の著書でも取り上げられている「JROTC（Junior Reserve Officer Training Corps＝下級予備役将校訓練課程）」という制度で、現役または退役軍人が務める教官が、希望する高校生に対して年に約一八〇時間、座学や教練を施すものだ。

陸・海・空・海兵の四軍がそれぞれ開設しているJROTCのウェブサイトでは、その目的について、「生徒たちの自立心やリーダーシップ、チームワーク、コミュニケーション能力、健全な肉体を育み、良質の市民意識と愛国心、国家や地域社会に奉仕する心を涵養する」といった教育的意義を強調している。

加えて、「生徒たちの卒業を促進する」「規律正しい学習環境を提供する」「反麻薬キャンペーンにも役立つ」などと学校にとってのメリットも訴えている。

しかし、これらはあくまで「表向き」のねらいだ。

ＪＲＯＴＣのカリキュラムには、「リーダーシップ」や「市民権」「個人の成長と責任」「公共への奉仕」などとともに、米軍の歴史や武器・装備品、銃の使い方、サバイバル術など軍そのものについて学ぶ単元も設けられている。これには、座学だけでなく、模擬弾を用いた射撃などの軍事教練も含まれている。

ＪＲＯＴＣでは、教官による直接的な軍への勧誘は禁じられているが、現実には、受講生の三〜四割が卒業後軍に入隊しているという。

二〇〇〇年、当時のウィリアム・コーエン国防長官は、ＪＲＯＴＣについて「国内の若者を軍へ勧誘する手段として、もっとも効果的なものである」と語った。

これこそが、ＪＲＯＴＣの真のねらいである。

JROTC の訓練（米軍ウェブサイトより）

安全保障教育の必修化？

防衛省・自衛隊は、学校を通じた募集は「有効な一手段として拡大の見込みあり」としながらも、学校説明会を実施できている高校は全国の約四割で「低調」と評価している（「平成二五年度募集・援護担当者会議」）ことは本章の冒頭ですでに述べた。

この会議の説明資料では、「問題認識」として、学校説明会の実施校が少ないために「自衛官という職業に対する認識不足」が生じているとし、「自衛隊の理解を促進する学校等における安全保障教育」の推進を掲げている。

説明資料は、「安全保障教育」を「安全保障に関する国民としての基礎知識を付与し、国防及び自衛隊への理解を促進」する教育と定義。今後の「方向性（イメージ）」として、現在実施している「総合的な学習の時間」を活用した体験入隊などをさらに拡大しつつ、文部科学省など関係機関に学校教育における「安全保障教育の必修化」を働きかけるとしている。

そして、必修化が実現した場合は、①安全保障に関する基礎的知識の付与、②自衛隊へ

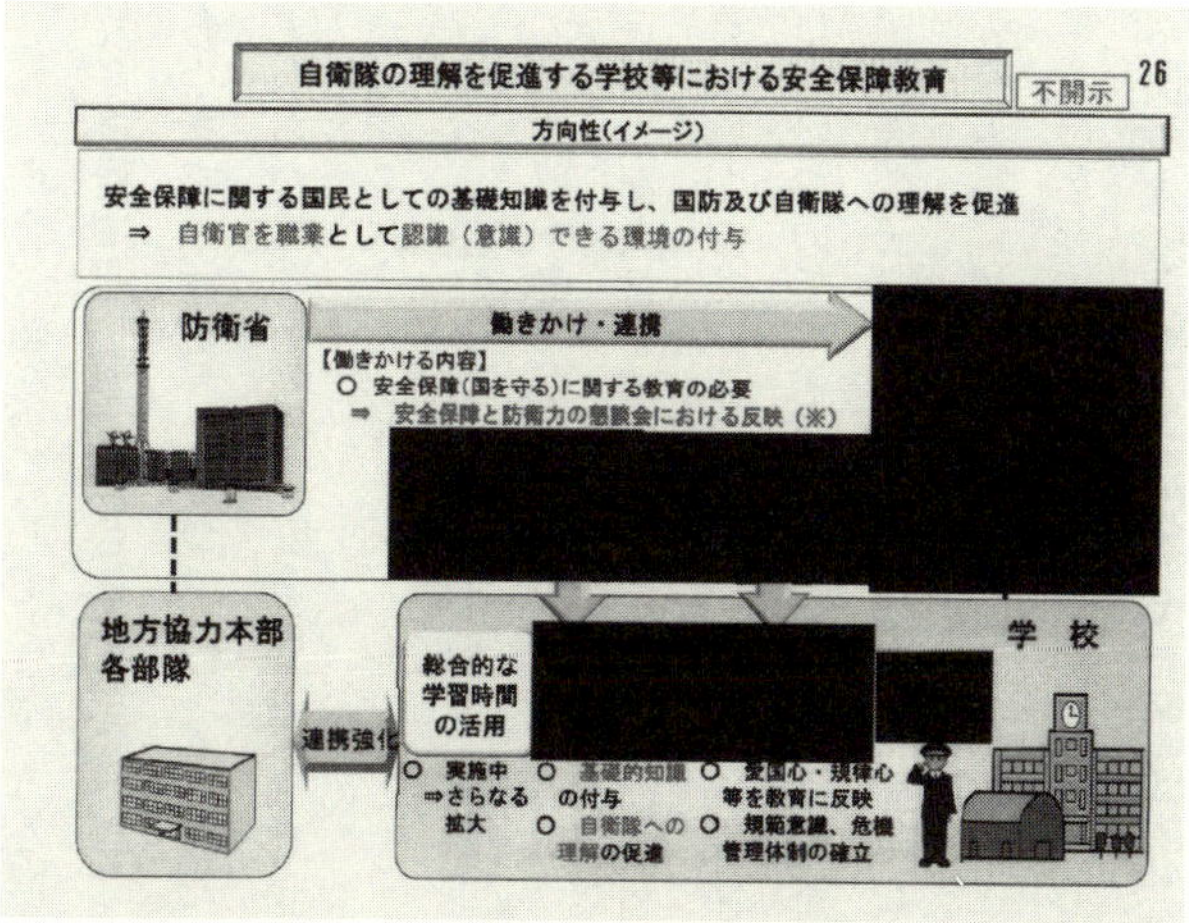

「安全保障教育」の方向性（「平成25年度募集・援護担当者会議」資料より）

の理解の促進、③愛国心・規律心等を教育に反映、④規範意識、危機管理体制の確立などを行う、と記している。

　この文書については、共産党の井上哲士参議院議員が二〇一五年四月二日の参議院外交防衛委員会で取り上げた。

「この文書は、優秀な自衛官を安定的に確保するために、（防衛省として）学校教育を変えるように働きかけるという計画書ではないか」との井上議員の質問に対し、中谷元防衛大臣は「当時開催されていた政府の『安全保障と防衛力の懇談会』で安全保障教育が取り上げられたことを受け、仮に学校等における安全保障教育が必修科目化された場合、防衛省としてどのような協力が可能かという趣旨で作成したもの。防衛省は、教育課程に関して所管もしていないし、学校における必修科目を決定する権限もない」とあくまで「仮定」に基づいたイメージだと強調した。だが、文書では、矢印の方向からして明らかに防衛省が「安全保障（国を守る）に関する教育の必要」について関係機関に働きかける図となっている。

中谷大臣は「現時点において、防衛省として文科省に（安全保障教育の必修化について）要望や働きかけを行っているということはない」と否定したが、防衛省の「国防を担う優秀な人材を確保するための検討委員会」（人材確保検討委員会）では引き続き検討項目にあがっている。文科省に具体的な働きかけを行っていないというのは、あくまで「現時点において」ということで、大臣の答弁も今後の可能性については否定していない。

安倍晋三内閣が二〇一三年一二月一七日に閣議決定した「国家安全保障戦略」は、国家安全保障には軍事力だけでなく、それを支える「社会的基盤」が不可欠だとして、「（国民一人ひとりに）我が国と郷土を愛する心を養うとともに、領土・主権に関する問題等の安全保障分野に関する啓発や自衛隊、在日米軍等の活動の現状への理解を広げる取組（中略）を推進する」との方針を打ち出している。

少子化・高学歴化に加えて、安保法制の成立による影響でいっそうの募集難が予測されるなか、この「基本方針」に基づき、今後政府として安全保障教育の必修化が検討されることは十分あり得るだろう。

退職自衛官の学校への再就職も推進

近年は、退職自衛官が学校に再就職するケースも出てきている。

目立ったところでは、史上初めて女性の地方協力本部長（青森地本）となった竹本三保・元1等海佐が、二〇一二年に大阪府の校長公募に応募して狭山高校（大阪府狭山市）の校長となった。

二〇一五年一〇月八日の「朝雲」には、自衛隊を定年退職後、理科の講師として公立中学校に再就職した元2等陸佐の手記が掲載されている。

この元自衛官は、理科を教えるだけでなく、地域の複数の中学校で東日本大震災時の災害派遣の体験を講話したり、「職場体験」として生徒を近くの陸上自衛隊駐屯地に引率したりするなど、「微力ではありますが、私も中学校と自衛隊の『架け橋』の役割を果たしています」と記している。

前出の防衛省の「国防を担う優秀な人材を確保するための検討委員会」でも、「教育機関への再就職の拡大」が施策としてリストアップされている。

二〇一五年四月に開催された九州・沖縄地方の地方協力本部長会議でも、会議を主催した西部方面総監部から前年度の教育機関への再就職状況が報告され（運転手、事務、用務員、指導員など計四五人）、「英語・情報等広く教育技能等を身につけた退職自衛官の雇用について促進の必要あり」との問題意識が示された。

その促進のために「自治体の教育委員会と連携し、防災（学校の危機管理体制の確立）及び生徒指導の観点から、教育関連の新規開拓」を進めるとして、各地方協力本部長に対し、教育委員会関係者に「退職自衛官の有用性」や「採用した場合のメリット」などの情報提供を行うことや、「防衛関係議員との連携」により教育委員会などへの働きかけを強めることを依頼している。

このように、自衛隊は「教育機関への再就職の拡大」を組織的に追求しており、退職自衛官が防災・危機管理や生活指導の「プロ」として学校に再就職するケースは、今後徐々に増えてくるだろう。

問われる教育現場の姿勢

最近まで進路指導担当をしていたある高校教員は、こう話す。

「地元の求人は、不安定な非正規雇用か正規でも給料が安いものばかり。それに比べて自衛隊は、衣食住付きで給料もそれなりにもらえて、資格もとれて、辞めるときには再就職先まで世話してくれる。民間より自衛隊が魅力的に映るのも、やむを得ない現実があります」

それだけに、安保法制の成立で増大するであろう隊員のリスクなどについても、生徒たちにしっかりと教えていかなければならないと思っている。

毎年一〇人前後が自衛隊に入隊し、「自衛隊募集功労校」として防衛大臣から感謝状を贈られたこともある北海道のある高校の教員も、「自衛隊がどういう組織なのかを生徒たちに完全に理解させて、進路指導をどこまでできるのか、教師の力量が問われる時代になっていると思う」と話す。

自衛隊入隊を希望する生徒には、進路指導で次のようにはっきり伝えるという。

「給料もいいし、待遇もいいし、再就職もサポートしてくれる……と聞こえはいいけど、自衛隊に入ったら、お前たちは完全に『将棋の駒』として使われる。自衛隊では命令は絶対。有事になれば命を張らなくてはいけないし、自分の人格をすべて否定されても従わなければならない。だから、半端な気持ちでは絶対に行ってほしくない」

この教員は、自衛隊が海外の紛争地でも活動するようになった今、「一歩間違えたら本人が死ぬということも考えて、そこまで覚悟して進路指導をしなければいけない」と語る。

自衛隊があの手この手で学校への関与を強めるなか、学校や一人ひとりの教師の姿勢も問われる時代になっている。

第五章

戦地へ行くリスク
——イラクの教訓

米軍キャンプを出発しイラクへ向かう陸自先遣隊
（写真：共同通信社）

イラク派遣の検証が必要

「自衛隊のイラク派遣で死者を出さなかったことは良かったが、日本が軍事力を外に向ける方向に一歩踏み出したことは間違いない。今の安保法制の議論は、イラク派遣の活動の中身を総括せずに、自衛隊をもっと活躍させようという議論の方向に向いています」

二〇〇三（平成一五）年のイラク戦争開戦時の自民党幹事長で、自衛隊のイラク派遣にも深く関与した山崎拓氏は、「朝日新聞」（二〇一五年四月三日）のインタビューにこう語った。

私も、イラク派遣の検証をしないまま、安保法制でさらなる海外任務の拡大に突き進むのは非常に危ういと感じていた。

陸上自衛隊が二〇〇六（平成一八）年七月にイラク・サマーワから撤収した直後、派遣開始時に防衛庁長官だった石破茂氏は、その「成果」について次のように語った。

一人の犠牲者も出なかったことには大きな意味があると思います。カンボジアやゴラン高原などのＰＫＯで積み重ねてきた海外での実績を、さらに一歩前進させることができたからです。もし最悪の事態が起きていれば、「海外への派遣はやっぱり危険だ」という声が強くなり、わが国のおかれた立場は十年前、二十年前に後戻りしかねなかった。（『文藝春秋』二〇〇六年一〇月号）

確かに、陸上自衛隊も航空自衛隊もイラク派遣で一人の犠牲者も出さなかったのは事実だ。これは単なる偶然の産物ではなく、そこに至るまでさまざまな安全確保の努力があったことも知っている。しかし同時に、「次」を考えるのであれば、単なる「成功体験」で終わらせてはならないと思う。

事実上、自衛隊初の〝戦地派遣〟となったイラクで、部隊や隊員はどんなリスクに直面したのか。イラク派遣を検証するということは、「テロリスト」やゲリラを相手にした非正規戦が主流となった「現代の戦争」に向き合うことを意味する。

〝実戦〟を想定していたイラク派遣

二〇〇三年の通常国会。アメリカのイラクへの先制攻撃に真っ先に支持を表明した小泉純一郎内閣（当時）は、アメリカの求めに応じてイラクに自衛隊を派遣する方針を決め、そのための特別措置法案を国会に提出した。

その国会審議で、「イラクは全土が戦闘地域。自衛隊を送れば攻撃され戦闘に巻き込まれる」という野党の追及に対し、小泉首相は「自衛隊が活動するのは『非戦闘地域』に限られる。戦争をするのではなく、非軍事の復興支援をしに行くのだ」とひたすら繰り返した。

しかし、これは現地の実態とかけ離れた、日本国内で法案を成立させるための「方便」に過ぎなかった。イラク特措法成立当時の陸上幕僚長であった先崎一《まつさきはじめ》氏も、当時を振り返ってそのことを率直に認めている。

イラク特措法での『戦闘地域』と『非戦闘地域』という線引きは法律用語であり、

我々の実態とは違うという意識で臨みました。派遣される立場としては、銃声が一発でも聞こえれば、砲弾が一発でも落ちてくる状態であれば、備えは同じです。対テロ戦では、いつ何が起きるかわかりません。(「朝日新聞」二〇一五年四月三日)

そう、いつどこで何が起きるかわからないのが、現代の「対テロ戦争」の最大の特徴なのである。

私は安保法制の国会審議が始まった二〇一五(平成二七)年五月、陸上自衛隊がイラク派遣の成果と教訓をまとめた未公開の内部文書を全文入手した。

陸上幕僚監部が二〇〇八(平成二〇)年にまとめた「イラク復興支援活動行動史」(以下、「行動史」)という二冊分で計四〇〇ページ余の文書で、表紙には赤字で「注意」の印が押されている。今後の海外派遣の各種研究や教育訓練の参考にするために編纂《へんさん》され、陸上自衛隊の各級指揮官のみが閲覧できるシステムに掲示された。通常の情報公開の手続きをとれば、大半のページが黒塗りとされる内容だ。

二冊目の巻頭言で、第一次復興支援群長を務めた番匠幸一郎氏は、イラク派遣を「国家

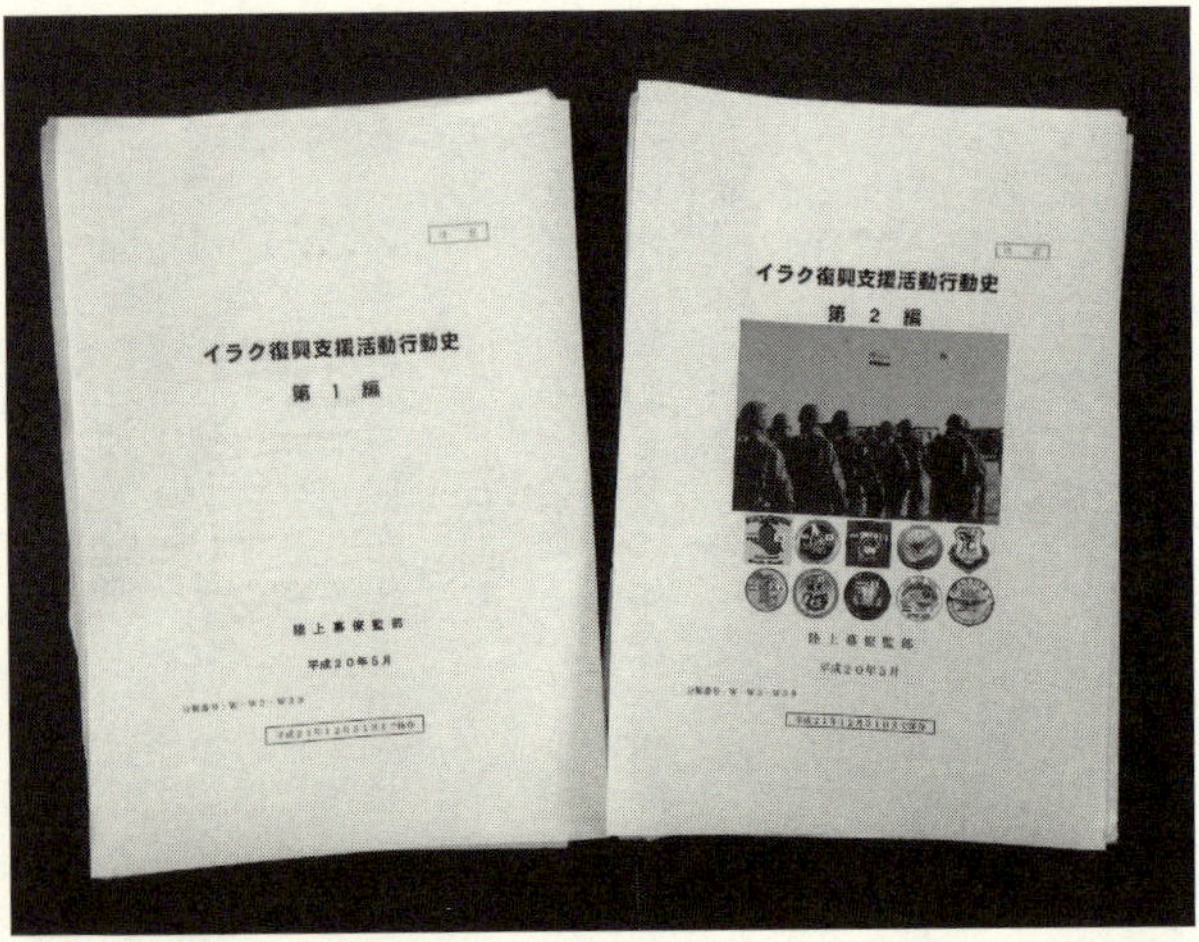

「イラク復興支援活動行動史」

と陸上自衛隊の総力をあげて行われた、本当の軍事作戦であり」、「我々が平素から訓練を重ね本業としている軍事組織としての真価を問われた任務だった」と総括している。

この文書ではその「軍事作戦」の中身と教訓を、人事、警務、衛生・メンタルヘルス、会計、広報、民事、法務、情報、通信、兵站《へいたん》（兵站支援、装備）、運用、教育訓練、監察、教訓業務といった機能別に詳細に記している。これを読むと、先崎氏の言葉通り、自衛隊はいつどこで攻撃を受けるかわからないという現地の実態に合わせた準備と訓練を行っていたことがわかる。

同文書は、イラク派遣について、「過去の国際平和協力と比較した場合、イラクの事態は予断を許さない状況であった」とし、「事案等発生は、外交、政治に与える影響が大きいことから、要員選定を慎重に行って、部隊を編成・派遣した」と記している。

派遣前の訓練については、「至近距離射撃訓練基準に基づき、射撃検定を実施し、射撃能力の向上を図った。この際、至近距離射撃と制圧射撃を重点的に練成して、射撃に対する自信を付与した」（第一次復興支援群）などと書かれている。

「至近距離射撃」とは市街地戦に必要な射撃方法で、建物の中や物陰からゲリラが突然攻撃してくるようなケースを想定している。また、「制圧射撃」は、一人ひとりにねらいを定めて撃つのではなく、ひたすら機関銃を連射し、火力で圧倒して敵の自由行動を阻止《そし》する射撃方法である。

イラクでは、特にこのような射撃技術を習得しなければ自らの身を守れないと、自衛隊は判断していたのである。

「何も考えずに撃てるように」

陸上自衛隊の普通科（歩兵）連隊に所属していた田村卓さん（仮名）は、イラク復興支援群の警備中隊に配属され、装甲車のガナー（機関銃手）としてサマーワで活動した。

田村さんが、高校卒業後の進路として自衛隊を選択したのは、国家公務員という安定性に魅力を感じたからだ。警察や消防という選択肢もあったが、「自衛隊が一番安全だろう」という親の勧めもあって最終的に自衛隊を選んだ。小学生のころ、阪神大震災の災害救助活動で活躍する自衛隊の姿をテレビで見ていたので、憧れもあった。「自分も人を救う仕事に就きたいと思った」という。

陸上自衛隊に入隊し、六ヵ月の新入隊員教育の後、普通科に配属される。しかし、希望していた災害救助活動に参加する機会はなかなか訪れなかった。

「国内で訓練ばかりの日々に、正直飽きていました。あとは、駐屯地の掃除ばかりしていたイメージですね（笑）。自衛隊は、実際に外で活動する機会が災害派遣くらいしかないですし、もともとそれがやりたくて入ったのですが、なかなか自分には当たりませんでした。そんなときにイラク派遣の話があったので、迷わず希望しました」

　イラクに行けば当然、武装勢力の攻撃で命を落とす可能性もある。そのことへの不安や恐怖はなかったのだろうか。

「どこかで、何かあっても自分は大丈夫なんじゃないかという意識はありましたね。でも、絶対安全とは思っていなかったので、死んだら運命だったと思うしかないなと覚悟はしていました」

　では逆に、人を殺してしまう可能性については、どう考えていたのか。

「派遣に向けた訓練が始まった当初は、正直、人を殺すということには抵抗がありました。でも、実際に米軍がテロリストに襲われたときの映像とかも見せられて、こちらが躊躇したらその時点で自分や仲間が死んでいるとさんざん言われたので、徐々に『やられる前にやらないといけない』という意識がついていきました」

「やらなければやられる」というのは理屈では分かる。だが、頭で理解するということと、実際にそういう場面に立たされた時に引き金を引けるかは、別問題のような気もする。

「やっぱり最初は、撃てないだろうなとか、やられてもその場を逃げ切るのが精一杯だろうなと思っていました。でも、訓練を重ねるごとに、その場に応じた対応を短時間でできるようになってきて、何かあっても対処できる自信がついてきました。体で覚えてしまえば、考える前に行動できるようになります。もし現地で戦闘になっていたら、考えずに体が動いて、あとから考えがついてきたんだなと思います。逆に、そういう状態になるまで何度もくり返し訓練して、体に覚えさせたのです」

「危ないと思ったら撃て」

イラク特措法では、海外での武力行使を禁じる憲法第九条との整合性をとるため、相手に危害を与える射撃は「自己保存」のための正当防衛と緊急避難に限られた。さらに、統制を欠いた武器使用によりかえって生命・身体に対する危険や事態の混乱を招くことを防止するために、原則として上官の命令が必要とされた。

この特措法に基づいて、より詳細な武器の使用基準や手順などを定めたＲＯＥ（交戦規定。自衛隊では「部隊行動基準」と呼ぶ）もつくられた。ＲＯＥでは、「急迫不正の侵害」があった場合を除いて、原則として、①口頭で警告、②銃を構えて威嚇する、③上空などに向けて警告射撃、④危害射撃――の手順を踏むことなどが定められた。

田村さんも、事前教育の中でこの通りの説明を受けたが、それはあくまで「建前」だったという。

「実際には、危険を感じたらとりあえず自己判断で撃って、事情聴取で『急迫不正な侵害があったと認識した』と説明するように指示されました。命令を待っていたり、正当防衛か緊急避難かと考えていたら、その間にこっちが撃たれちゃいますから、（指示は）当然だと思いました。それで人を殺してしまった場合でも、裁判で罪に問われることはないだろう、とも言われました」

田村さんの話にぴたりと符合する記述が、「行動史」にもあった。

「武器使用に関する部隊長の意識」の項目で、「多くの指揮官に共通して、最初の武器使用が精神的にハードルが高いのではないかとの危惧があった」とした上で、「隊員に対して訓練を徹底した後、最終的には『危ないと思ったら撃て』との指導をした指揮官が多かった」と記しているのだ。

さらに、実際に武器を使用した隊員が帰国後、国外犯規定のある「殺人罪」や「傷害致死罪」などに問われないような対策も講じていた。軍法のない自衛隊の場合、戦闘による殺人なども一般の刑法が適用されてしまう。そこで罪に問われないように、あらかじめ事情聴取での「説明要領」を隊員に徹底し、「法務幕僚をもって援助できるよう準備した」(「行動史」)と記している。

「危ないと思ったら撃て」は、米軍のROEに近い。実際の敵対行為がなくても、「敵対意思」があると感じたら、先制的に武器使用することが認められている。しかし、これは米軍の誤射が多い理由として、しばしば指摘されてきた。民間人に対する誤射が多くなると住民感情が悪化し、結果的に部隊を危険にさらすことになる。それを回避するというのも、ROEを定める主要な理由の一つである。

「一発の銃弾」の重み

サマーワで陸上自衛隊は、安全確保策の一環として「スーパーうぐいす嬢作戦」を展開した。日本の選挙で選挙カーのうぐいす嬢がやるように、笑顔で市民に手を振り続けることで友好的な姿勢をアピールしようとしたのである。

装甲車のガナーだった田村さんも、これをやった。実は、友好姿勢のアピールだけでなく、もうひとつのねらいがあったという。

「（走行中）片手で機関銃を支えるように持ち、もう片方で手を振り続けるんです。手を振るのは、現地の人々に好印象を与えるのと、人々の反応を見るためです。手を振り返してくる人や笑顔でこっちを見る人は危険度が低い。逆に、急に物陰に隠れたり、目を逸《そ》らす人などは要チェックです。そういう人がいたら無線で報告し、コンボイ（車列）全体で共有します。さらに、ＩＥＤ（仕掛け爆弾）が仕掛けられていないか路肩の盛り上がりなどもチェックしなければなりません。これを時速八〇キロ以上で走りながらやるのですから、けっこう大変です」

ガナーは装甲車の上部から半身を出しているので、敵の攻撃を受ける時は真っ先にねらわれる。田村さんは約三ヵ月の派遣期間中、危険を感じたことはほとんどなかったというが、「一度だけ死を意識したことがあった」と明かした。

「現地の人たちの多くはとても親日的で、危険がそれほどあるようには感じませんでしたが、あの時だけは『ここで死ぬのかも』と思いました。意外に冷静で、死にたくないとは思いませんでしたが、ふと遺書を書いてこなかったと親の顔を思い浮かべた途端、急に涙が出てきて……。周りの隊員たちに気付かれないように、そっと拭《ふ》きました」

政府が「非戦闘地域」として派遣したサマーワであったが、実際には、約二年半の派遣期間中、宿営地をねらった迫撃砲やロケット弾による攻撃は計一三回二二発にも及び、宿営地内に着弾したロケット弾が地面にバウンドして鉄製のコンテナを貫通したこともあった。田村さんが宿営地の警備についていた時も、着弾したことがあった。突然、「ドーン」と爆発音が響き、土煙が上がったという。

宿営地外でも、移動中の陸上自衛隊のコンボイが、二度にわたってＩＥＤによる攻撃を受けた。

こうした攻撃について、自衛隊は表向き「殺傷目的ではなく、陸自の復興支援活動に不満を抱く勢力による警告」といった分析を示したが、実は一回目のＩＥＤ攻撃では、不発だったもう一発の爆弾が爆発していれば死傷者が出ていた可能性が高かったという。

「行動史」には、派遣部隊が最も武器使用に近づいたケースも紹介されている。

（平成）一七（二〇〇五）年一二月四日、ルメイサのサドル派事務所付近において、群衆による抗議行動、投石等を受け、車両のバックミラー等が破壊された。この際、小隊長以下警備小隊の隊員は、投石する群衆の他に銃を所持している者を発見し、これに特に注意を払う。

サマーワで投石にあう自衛隊車両（防衛省内部文書より）

この日、サマーワから北に約三〇km離れたルメイサでは、自衛隊が改修を担当した養護施設の完工式が開かれていた。式典には、ムサンナ県のハッサン知事などとともに第八次復興支援群長の立花尊顕1佐も参列していた。

式典中、会場のそばで、同県の治安維持を担当するオーストラリア軍と外国軍隊の駐留に反対するイスラム教シーア派指導者サドル師の支持者との間で銃撃戦が発生。その後、約五〇人の住民がデモ隊となって式典会場に押し寄せた。

立花群長らは建物に閉じ込められ、外で警備にあたっていた十数人の隊員はデモ隊に包囲された。当時の報道によれば、デモ隊は自衛隊の車列を取り囲んで「ノー・ジャパン」などと叫んで投石し、バックミラーが割られた。隊員たちはデモ隊の中の銃をもつ者に注意を払ったが、部隊に銃口を向けることはなかったため武器を使用しないで済んだ。

この事件について、中谷元防衛大臣は二〇一五年七月一〇日の衆議院平和安全法制特別委員会で次のように答弁している。


この事件におきましては、武器の使用は確認しておらず、隊員にけがや異状もありません。そして、事実として、（中略）一発の銃の発砲もなく、立派に全員無事任務を成し遂げたわけであります。


これも、「うまくいった」と「成功体験」としてしか見ていない。

「行動史」も、「適確に現場の状況を把握しながら冷静に行動した。背景として、類似した状況を反復して訓練した実績があった」と「成功体験」として評価している。

しかし、一歩間違えば、自衛隊発足以来初めて、海外での交戦に発展しかねない事件であった。二〇一五年八月二〇日の「朝日新聞」は、この時に現場にいた隊員にも取材をして事件の検証記事を掲載している。

「どうすべきかわからず、みんな右往左往していた」と当時の隊員は話す。群衆の中には銃器をもつ男たちもいた。もし銃口が自分たちに向けられたら——。政府が認めた武器使用基準では、まず警告し、従わなければ射撃も可能だ。「ここで一発撃てば自衛隊は全滅する」。どの隊員も、一発の警告が全面的な銃撃戦につながる恐怖を覚えた。「撃つより撃たれよう」と覚悟した隊員もいた。結局、地元のイラク人に逃げ道を作ってもらい窮地を脱することができた。

「一発の銃弾の重さ」については、「行動史」でも述べられている。

イラク国民との信頼感を醸成するうちに、「法的には正当」でも、武器を使うことによって「イラクとの信頼関係」が崩れる可能性について、政策的な懸念を持った指揮官もいた。

「行動史」は、部隊の安全確保について、「地域住民の民心を如何に獲得するかが緊要不可欠な要素となる」と強調している。治安維持任務を持たず、人道復興支援に活動を特化した自衛隊は、現地住民との信頼関係を構築し、活動地域を「友好の海」（番匠氏）とすることで安全を確保しようとしたのである。そうやって苦労しながら信頼関係を積み上げてきたからこそ、「一発の銃弾」でそれがいっきに崩れてしまう危険性についても、現場の指揮官は認識していたのである。

避けられないリスクの拡大

実際、米軍は検問所などで危険を感じたらすぐさま発砲し、子どもや女性を含む多くの一般市民に危害を与え、イラクの人々の不信感を増幅していった。それが敵を増やし、ゲリラの活動が強くなる原因となった。

前出のルメイサ市でも二〇〇四（平成一六）年二月二九日、道路脇で止まっていた米軍の車列を追い越そうとしたトラックに米兵が発砲し、男性一人が死亡する事件があった。事件直後から地元の住民ら数百人が集まり、警備にあたるオランダ軍や米軍の車列を取り囲んで「米軍は帰れ」などと叫びながら抗議。投石も始まり、オランダ軍と米軍も住民らに銃口を向けるなど緊張状態が続いた。

同年四月二五日には、今度はオランダ軍がサマーワ近郊の検問所で停止命令を無視した車に発砲し、イラク人一人が死亡、六人が負傷した。

この直後の四月三〇日にはルメイサのオランダ軍宿営地に迫撃砲攻撃があり、五月一〇日には同軍兵士がサマーワ市内で手榴弾《しゅりゅうだん》による攻撃を受け、一人が死亡、一人が重傷を負った。オランダ軍は八月一四日にも、ルメイサで夜間パトロール中に機関銃やRPG（携帯式ロケット弾）による攻撃を受け、兵士一人が死亡、五人が負傷した。

日本政府が「非戦闘地域」としたサマーワですら、こういうことが起こっていたのである。ルメイサの事件で、自衛隊が一発でもデモ隊の群衆に向けて発砲していたら、オランダ軍と同じ道をたどっていたかもしれない。「対テロ戦争」の現場では、「友好の海」は一発の銃弾で「敵意の海」に変わりうる。

「行動史」は、部隊の安全確保の教訓として、「サマーワという地域において人道復興支援活動を実施するという任務が付与されたことによって実は、派遣間の終始を通じる安全確保の基盤が形成された」と記している。装備品の改善、監視システムの導入、徹底した教育訓練、住民との良好な関係の構築など自衛隊はさまざまな「安全確保施策」を講じたが、最も重要だったのは「適切な活動地域と任務の選定」であったと強調しているのである。

今回成立した安保法制では、「非戦闘地域」という活動地域の制限を取り払い、現に戦闘が行われている現場でなければ米軍などへの後方支援ができるようにした。さらに、PKOでは、駆け付け警護や治安維持任務もできるように変えた。

陸自イラク派遣の教訓からも、自衛隊員のリスクが格段に増大することは明らかである。

日米同盟のために危機にさらされる自衛隊

日本政府は、自衛隊のイラク派遣は、すべての国連加盟国にイラクに対する人道復興支援を要請した国連安保理決議第一四八三号に基づくものだと説明した。派遣を決定した小泉首相は、「日本も国際社会の責任ある一員として、イラクの国民が希望を持って自国の再建に努力することができるような環境整備に責任を果たしていくことが必要」（基本計画閣議決定後の記者会見）と述べ、「自衛隊は復興支援活動に赴くのです。戦争に行くのではありません」と繰り返した。

同時に、自衛隊のイラク派遣は対米支援の側面が強かった。

米ブッシュ政権はイラク攻撃前から、水面下で日本に「ブーツ・オン・ザ・グラウンド（地上部隊の派遣を）」と求めていた。陸上自衛隊のイラク派遣は、これに応えるものであった。

当時の石破茂防衛庁長官も、二〇〇四年一月一六日の第一次復興支援業務隊の編成完結式で、派遣の意義を隊員たちにこう語っている。

我が国にとって唯一の同盟国であり、我が国が仮に万が一攻撃を受けた時は必ず日本国民を守ると約束している合衆国が大変困難な中にあるときに、人道支援という形で我が国がイラクにおいて活動することを合衆国も心から喜んでおります。イラクに自衛隊が行かなくても日米安全保障体制は何も変わらない、そうでしょうか。私は、安全保障体制というのは、単なる条約という紙だけで成り立っているとは思いません。共に辛い時に一緒に行動する、そうであってこそ信頼は高まる。日米安全保障体制を支える国と国と、国民と国民との信頼が更に強くなることは、間違いなく日本の国益であると信じます。

サマーワに派遣された田村さんも、「結局あれは日米関係のための派遣だったのかな、と。自衛隊は政治の駒として派遣されたと感じました」と話す。

航空自衛隊が二〇〇四年一月から二〇〇九（平成二一）年二月まで実施したクウェート―イラク間の空輸支援も、対米支援の性格が強かった。

航空自衛隊のC130輸送機による空輸活動について、政府は「日本からの人道復興支援関連の物資、国連その他の人道復興支援のための人員、物資の輸送を行っている」と説明していた。しかし、活動終了後に防衛省が開示した空輸実績報告書で、国連関係の人員の輸送は全体の約六％に過ぎず、約六三％が武装した米兵および米軍属だったことが明らかになった。

「秘」の赤い印字のある派遣部隊の報告文書は、空輸活動の最大の目的が米軍のニーズに応えることであったと率直に記している。

（本任務の目的は）突き詰めて言えば、本任務を通じて、我が国の安全保障に貢献するにあり、「日米同盟の緊密化」が最優先される目標である。このためには、安全確保（隊員達を任務で死傷させないこと）を最優先としつつ空輸任務の実施を通じ米国との連帯感を維持・向上させなければならない。（「第13期空輸計画部勤務報告」）

つまり、日本の安全保障にとって日米同盟は重要なので、アメリカのイラク戦争・占領にはできる限り協力・支援して、アメリカとの「連帯感を維持・向上させ」るというのが、自衛隊派遣の最大の目的だったのである。

しかし、イラク戦争開戦時に自民党の幹事長であった山崎拓氏は、アメリカに追随して戦争を支持し、自衛隊を派遣した当時の判断は「間違いであった」と語っている。

結果論から言えば、大量破壊兵器があると信じたのは間違いでした。米国追随主義の典型です。米国の圧力というよりも、日本の政治家にたたき込まれた「日米同盟堅持」という外交理念によるものが大きい。同盟堅持のため、米国の要求にはできるだけ応えようという「対米コンプレックス」の表れだったかもしれません。(「朝日新聞」二〇一五年四月三日)

安倍首相は、安保法制の国会審議で、「アメリカの戦争に巻き込まれるのではないか」という野党の質問に対し、「絶対にない。(派遣は)我が国の国益に従い主体的に判断する」と繰り返した。

イラク戦争では、フランスやドイツはアメリカの同盟国でありながら、国連安保理決議を経ない先制攻撃は国際法違反だとして反対し、最後まで軍隊を派遣しなかった。

はたして、今の日本政府にこのような主体的な判断ができるだろうか。

退役軍人・帰還兵のPTSD

二〇一五年二月一二日、オバマ米大統領はPTSD（心的外傷後ストレス障害）などに苦しむ退役軍人へのサポートを強化する「退役軍人自殺防止法」に署名した。同法は超党派の議員によって提案され、上下両院ともに全会一致で可決された。

米退役軍人省によれば、米国では一日平均二二人の退役軍人がPTSDなどで自殺しており、社会問題となっている。

この法律は、二〇一一年に二八歳の若さで自殺した元海兵隊員の名前をとって「クレイ・ハント法」と名付けられた。

クレイ・ハント氏はイラク西部のファルージャ近郊に派遣され、二〇〇七（平成一九）年、同じチームの兵士が敵のスナイパーにのどを撃たれて死亡する。その数週間後には、クレイ氏自身がスナイパーに狙撃され、手首を負傷する。

その後いったん帰国するが、けがが治癒すると、今度はアフガニスタン南部に派遣。ここでも同じ部隊の隊員が一六人戦死する。

二〇〇九年に除隊するが、その後も、多くの仲間が戦死するなかで生き残ったことへの負い目など「心の傷」に苦しんだ。

定職に就くことも難しく、クレイ氏は退役軍人省に援護を申請するが、なかなかPTSDと認定されなかった。また、退役軍人病院の精神科に受診を求めたが、予約が数ヵ月先まで一杯だと言われてしまう。そして、十分なサポートがないまま、彼は二〇一一年三月、自宅で自ら命を絶った。

自衛隊のイラク派遣でも、防衛庁・自衛隊は派遣隊員のPTSD発生を危惧し、早い段階からその対策の検討を始めた。前出の「行動史」には、こう記されている。


イラクにおける活動に関しては、現地での過酷なストレス環境のみならず、惨事が発生した場合のストレスによる精神疾患等の発生が危惧された。このため平成一五年八月に衛生検討Gpは予防及び対処法として、以下の段階での検討を実施した。

「以下の段階」とは、①予防、②早期発見、③治療、④後送、⑤惨事ストレス対処、の五段階である。「惨事ストレス対処」では「惨事発生時には、自衛隊中央病院から精神科医を含むメンタルヘルス支援チームを現地に派遣（医官一名、心理幹部一名）し、現地において精神科医とカウンセラーが協力して惨事ストレス対処を実施する」とある。

実際には「惨事」といわれるような事態は起こらなかったが、派遣隊員にかかるストレスは大きかった。

イラク派遣当時、自衛隊中央病院の精神科医だった福間詳《しょう》氏は「朝日新聞」のインタビューで次のように証言している。

私は〇四年の一次群から六次群まで計六回、診療のためにサマワを訪れました。一週間ほどの滞在中、全隊員に簡易心理テストをしてストレス度を測り、気になる隊員には個別にカウンセリングをしました。初期には、全体の三割が『ハイリスク』（過緊張状態）という部隊もありました。（「朝日新聞」二〇一五年七月一七日）

生活の過酷さに加えて、度重なる宿営地への迫撃砲やロケット弾による攻撃も隊員のストレスになっていたという。

私の滞在中にも着弾し、轟音《ごうおん》とともに地面に直径二メートルほどの穴があきました。直後に、警備についていた隊員から聞き取りをしました。「発射したと思われる場所はすぐ近くに見えた。恐怖心を覚えた」「そこに誰かいるようだと言われ、緊張と恐怖を覚えた」。暗くなると恐怖がぶり返すと訴える隊員は、急性ストレス障害と診断しました。(同前)

防衛省は、イラクに派遣された自衛隊員の中で、陸上自衛隊で二一人、航空自衛隊で八人の計二九人が自殺していることを明らかにしている(二〇一五年三月末現在)。これは在職中に自殺した人数なので、退職後も含めるともっと多くなる可能性がある。

「行動史」には、ストレスによる精神疾患発症の「予防策」として、「要員選考時における精神疾患等の既往歴を重視し、要員から排除する」とある。選考にあたっては、面接による「隊員の心情（身上）把握」が重視され、四〜六週間かけて慎重に行われた。つまり、陸上自衛隊の中でも精神的に精強な隊員が選考されたのである。それにもかかわらず、これだけの隊員が自殺しているのだ。この数字については、福間氏も「（陸上自衛隊から）派遣された約五四八〇人は、精神的に健全であると確認したうえで選ばれた精鋭たちです。そのうち二一人が自殺したというのは、かなり高い数字ですね」（同前）と語っている。

その上で福間氏は「自殺は氷山の一角で、イラク派遣の影響はもっと深刻なのではないかと考えている」と指摘する。

当時、勤務していた自衛隊中央病院に、帰国後、調子を崩した隊員が何人も診察を受けにきました。不眠のほか、イライラや集中できない、フラッシュバックなど症状はさまざまでした。イラクでは体力的に充実し、精神的にも張り詰めているためエネルギッシュに動いていたものの、帰国して普通のテンションに戻った時、ギャップの大きさから精神の均衡を崩してしまったのです。自殺に至らなくても、自殺未遂をし

たり精神を病んだりした隊員は少なくないと思います。（同前）

前出の田村さんも帰国後、イラクと日本のギャップにすぐにはなじめず、しばらく武器を手にしていないのが不安に感じたという。「イラクでの三ヵ月間、ずっと肌身離さず銃と実弾を持っていたからだろう」と話す。

「行動史」には、「今後は、一般的に約二割の隊員にはストレス傾向のあることを前提として精神面のフォローが必要である」との提言も記されている。

消し去れない「モラル・インジャリー」

アメリカでは帰還兵の自殺者が年間八〇〇〇人以上と、前線での戦闘による戦死者の数を圧倒的に上回っている。これが「現代の戦争」の現実なのである。そのアメリカと一緒に世界中で「共に戦う」ことの意味を、私たちはもっと深刻に考える必要がある。

アメリカでは近年、帰還兵の精神疾患の一つとして、ＰＴＳＤと区別して「モラル・インジャリー（良心の呵責《かしやく》障害）」が注目されている。自分の道徳心に反したことをした時に起こる障害のことだ。

二〇〇四年にイラクに派遣され、米軍占領下で最も激烈な戦闘となった同年一一月の「ファルージャ総攻撃」に参加した元海兵隊員のロス・カプーティさんも、一〇年以上経った今も「モラル・インジャリー」に苦しんでいる。ロスさんが二〇一四（平成二六）年一一月に来日した際、私もインタビューさせてもらった。

ロスさんは通信兵だったため、直接、戦闘で殺したり殺されたりする場面に遭遇したことはなかった。彼の苦悩が始まったのは「イラク戦争の誤りに気づいてから」であった。ロスさんも他の多くの兵士と同じように、イラク戦争は大量破壊兵器の脅威から世界を守り、イラクの人々を独裁政権から解放して民主化するためのもので、ファルージャでの作戦もファルージャをテロリストの手から解放するためのものだという政府や上官の説明を信じていた。

「しかし、政府が開戦の理由とした『大量破壊兵器の脅威』は大嘘《おおうそ》だったのです。この戦争は、自衛のためでも、イラクの民主主義のためでもなく、侵略戦争でした。それを知った時、僕の戦争の苦しみが始まりました。直接銃でイラクの人々を殺すことはありませんでしたが、僕の通信の情報に基づいて空爆などが行われ、市民が無差別に殺戮《さつりく》されたのです。僕は明らかに殺戮に加担したのです」

ロスさんは、モラル・インジャリーは軍の病院では治療が困難だと言う。それは、軍病院の精神科医やカウンセラーはイラク戦争や米軍の作戦の過ちを認めることはけっしてないからだ。

「この苦しみは『償い』をすることでしか回復できない」と語るロスさんは退役後、仲間とともに「ISLAH - Reparation Project（イスラーハ—償いプロジェクト）」を立ち上げ、イラクの国内避難民への人道支援活動を行うなど「償い」を実践している。

インタビューの最後に、日本政府が米軍への軍事的支援を拡大しようとしていることについてどう思うかと尋ねると、ロスさんはこう答えた。

「日本はアメリカの攻撃的な軍事行動にいっそう巻き込まれることになるでしょう。多くの自衛隊員が戦闘に参加し、ＰＴＳＤやモラル・インジャリーに苦しむようになるのではと心配しています。彼らに、僕と同じ苦しみを味わってほしくありません」

第六章

「戦死」に備える精神教育

「英霊」を祀る北海道護国神社（旭川市）の慰霊大祭（2009年）に参列する幹部自衛官ら（旭川平和委員会提供）

国外紛争の軍事介入を想定した「日米共同訓練」

二〇一五（平成二七）年四月二七日、日米両政府は「日米防衛協力のための指針」（ガイドライン）を一八年ぶりに改定し、日米の軍事協力の地理的範囲を、それまでの日本とその周辺からグローバル（全地球規模）に拡大した。これは事実上の安保条約の改定であったが、国会にもはからず政府間の合意だけで決めてしまった。

しかし、自衛隊と米軍の間ではこれを「先どり」するような訓練がすでに積み重ねられてきた。正確に言えば、イラク戦争開戦直後の二〇〇三（平成一五）年五月に行われた日米首脳会談で、小泉首相とブッシュ大統領が「世界の中の日米同盟」という言葉を用いて以降、世界中で米軍と自衛隊が作戦を共にする準備が進められてきたのである。

二〇一四（平成二六）年一月一三日から二月九日までの間、米カリフォルニア州フォートアーウィンにあるＮＴＣ（米陸軍戦闘訓練センター）で日米共同訓練が実施された。

参加したのは、日本側は陸上自衛隊の富士学校部隊訓練評価隊、米側は陸軍第２師団第３ストライカー戦闘旅団。陸自の部隊訓練評価隊は、日本で最も実戦的な訓練ができるといわれるＦＴＣ（富士訓練センター）で、全国の戦闘部隊に訓練を提供する部隊である。米陸軍第３ストライカー戦闘旅団は、イラクに三回、アフガニスタンに一回派遣された実戦経験豊富な部隊である。

陸上自衛隊の訓練実施要綱は、訓練の目的を「実戦的な訓練環境の下、陸上自衛隊の練度を確認するとともに、日米が共同して作戦を実施する場合における相互連携要領を演練し、相互運用性の向上を図る」と記述している。

訓練は、五日間の準備と五日間の「機能別訓練」（戦闘射撃や第一線救護）の後、実際の「戦場」を想定した実戦的な「対抗訓練」を実施した。米陸軍ウェブサイトのニュースには、「陸上自衛隊は第３ストライカー戦闘旅団の訓練に完全に統合（fully integrated）」と記されている。つまり、自衛隊が米軍に完全に組み込まれる形で単一の「部隊」となり、実戦的な訓練を行ったのである。

訓練目的にある「実戦的な訓練環境」とは、実際にはどんなものだったのか――。

この訓練を取材したフォトジャーナリストの菊池雅之氏が、『軍事研究』の同年五月号で詳しくレポートしている。

ＮＴＣには、七〇㎞×五〇㎞の広大な砂漠地帯に、五つの射撃区域と一五の市街地訓練施設がある。菊池氏のレポートによれば、市街地訓練施設はいずれもアフガニスタンやイラクの集落を模して造られており、モスクもあるという。

さらに驚くことに、訓練中は現地の衣装をまとった「住民」が実際にそれらの集落で生活し、ハリウッドの俳優協会に加盟している役者が与えられた役を完全に演じる。住民の中にはゲリラも潜伏しており、その役は実際にアフガニスタンやイラクでゲリラと戦闘してきたＰＭＣ（民間軍事会社）のコントラクターが演じる。

訓練の想定は、架空の「アトロピア国」と「ドローピア国」との国境紛争が発生し、米軍とその有志連合はアトロピア国に展開して平和維持のための活動を行うというもの。越境してきたドローピア軍やゲリラなどが破壊活動を行っており、それを制圧するというのが任務であった。

訓練中、敵ゲリラが潜伏する街をストライカー戦闘旅団が迫撃砲で攻撃し、空からも攻撃ヘリ部隊と海兵隊のＦ／Ａ18戦闘攻撃機が空爆を加えるという場面もあった。この攻撃には自衛隊は直接参加していなかったが、後方にいた自衛隊の装甲車が突然、ＲＰＧ（携帯式ロケット弾）による攻撃を受け、乗員全員が死亡判定を受けたという。

訓練の最後には、米軍のM1A1エイブラムズ戦車と自衛隊の七四式戦車が夜明けとともに敵陣地に総攻撃を仕掛けた。ここでも日米の戦車部隊の真上を海兵隊のF／A18が低空で飛行し、敵陣地に空爆を行ったという。

同訓練終了後、米側の指揮をとったウォルグレン大尉は「合同任務部隊（combined task force）として（自衛隊と）一緒に活動できたことは、我々にとって良い経験となった」（米陸軍ウェブサイト）と語った。

この訓練について、安倍首相は「日本が侵攻された時には陸上自衛隊と米軍が共同対処する。この共同対処する日頃の練度を高めていくことが精強さを増し、抑止力につながっていく」（参議院平和安全法制特別委員会、七月三〇日）と述べ、中谷元防衛大臣も「本訓練は自衛隊が中東における活動を行うことを想定したものではない」（同前）と弁明した。

しかし、この訓練の想定は、日本が侵攻される「日本有事」ではなく、第三国で起きた紛争への軍事介入であった。もちろん「日本有事」にも応用できるだろうが、集団的自衛権の行使も含めて海外での日米共同作戦を視野に入れたものだったことは間違いないだろう。

また、この訓練の特徴は、「NTC到着時から撤収まで、戦地と同様の規律（禁酒、携帯電話の使用禁止、服装の統制等）で実施」（「訓練成果報告書」）したことであった。菊池氏のレポートによれば、対抗訓練中隊員たちは戦車や装甲車の車内に泊まり、食事はすべて米軍の携行食であったという。こうしたタフな環境下で、「練度向上だけでなく、精神面の練成にも効果があった」と訓練成果報告書は記している。

部隊訓練評価隊は今後、この訓練で得た経験や教訓をFTCでの訓練に反映し、全国の部隊に伝えていくという。

現代の「軍人勅諭」

「おまえたちの命を俺が預かる」「世界一を目指せ」

二〇〇八（平成二〇）年三月二六日、陸上自衛隊の宇都宮駐屯地（栃木県）。この日、新たに発足した中央即応連隊（栃木県、宇都宮駐屯地）の初代連隊長に着任した山本雅治

1佐は、隊員たちにこう訓示した。

　中央即応連隊最大の任務は、陸上自衛隊の海外派遣が決定されたら、先遣隊として真っ先に出て行くことだ。山本連隊長は「陸上自衛隊で最初に死ぬのは、われわれ」と、隊員だけでなく家族にも断言する。そして、いつどこに急派されても良いように、隊員たちは、マラリアやコレラ、ポリオなど世界各地の風土病に備えた予防接種をあらかじめ済ましている。

「我らが祖国日本のため、正義と信義にもとづき、命をかけて任務を必遂すべし」――これが中央即応連隊の「信条」だという。

　このところ、「命をかけて」といった言葉が、自衛隊内部でよく聞かれるようになった。実際に海外の紛争地域で活動する機会が増え、平時から隊員たちにそのような心構えで訓練させる必要が出てきているからだろう。自衛隊では、こうした心構えの育成を「精神教育」と呼んでいる。

「精神教育」は、一九六一（昭和三六）年に制定された「自衛官の心がまえ」に基づいて行われている。これは、いわば自衛隊版の「軍人勅諭」である。

陸上自衛隊は二〇〇〇（平成一二）年、陸海空自衛隊に共通の「心がまえ」に加えて、独自に「誇り高き陸上自衛官の心得」をとりまとめた。陸上自衛隊を取り巻く環境が冷戦時代の「訓練をして精強性を誇示する時代」から「行動して評価される時代」へと大きく変化しているとして、その変化に遅れることなく主導的に対応するために、「21世紀に求められる陸上自衛官像のキーワード」を整理したものが「誇り高き陸上自衛官の心得」だという。

筆者が防衛省に情報公開請求して入手した陸上自衛隊の幹部候補生学校（福岡県、前川原駐屯地）で使用されている精神教育のテキストには、よりはっきりと「心得」作成のねらいが書かれている。

「心がまえ」は、「自己犠牲の精神、有事に要求される勇気・決断、死地に赴く覚悟」など「軍人精神の表現が不十分」と指摘し、「行動して評価される時代」において陸上自衛官には「陸戦環境（直接敵と対面、極度の心身疲労等）の克服」が求められると強調している。

つまり、より実戦を想定した覚悟を「軍人精神」として隊員一人ひとりに要求しているのである。

心得のキーワードは、「挑戦」「献身」「誠実」の三つである。たとえば、「献身」については、次のように解説している。

我々の存在意義は、「事に臨んでは危険を顧みず、身をもって責務の完遂に努めること」にある。この我々の普遍の存在意義は、以下の二つの普遍的かつ中核的な精神から成っている。すなわち、

一つ、危険を顧みず身を挺《てい》して任務を遂行する自己犠牲の精神である。

一つ、恐ろしくとも震えながらも心の底から力を振り絞ってやり抜く勇気である。（中略）また、戦う組織としての運命共同体の意識も、その中の情愛あふれる一体感も、すべて「己を虚《むな》しくし他を慈しむ」献身の心から生まれるものである。

言い換えれば、自分本位の自己実現や未成熟な個人主義から決別し、「公や他人のため」を優先した自己実現の姿こそ、我々が目指すべきものであろう。

行動目録個人用チェックシート「献身」の一例

	行　動　評　価　基　準　及　び　配　点			
	そのとおり	概ねそのとおり	その傾向がある	全くない
肯定行動	＋３	＋２	＋１	０
否定行動	－３	－２	－１	０

構成要素		行　動	評　価		
献身の源泉となる。・自己犠牲の精神・奉仕の精神	肯定行動	公私をしゅん別し、常に公を優先させている。			
		人に頼まれれば喜んで引き受ける。			
		人の嫌がることを率先して実施する。			
		小さな善行をさりげなく当然のようにしている。			
		地域活動へ積極的に参加している。			
	否定行動	常に損得勘定を判断基準として行動している。			
		自制心に欠け、常にやすきに流れる。			
		言行が著しく異なる。			
		弱者に強く、強者に弱い。			
危険を顧みず行動する。・責任感・実行力	肯定行動	「Yes」又は「No」の判断が迅速、鮮明である。			
		常に最悪の状況を予測し、その準備ができている。			
		不測の事態が生起しても自らの責任で処置する。			
		いかなる状況においても時間は厳守する。			
		報告・通報が適時的確になされている。			
	否定行動	変化、冒険を嫌い、現状維持に固執する。			
		責任逃れの言い訳をすることが多い。			
		面倒なことは人任せにする傾向がある。			
		人のやらないことには手を出さない。			

総合評価区分

	大 ←―― 規律の厳正度 ――→ 小				
区　分	レベル５（27点以上）	レベル４（21～26点）	レベル３（９～20点）	レベル２（３～８点）	レベル１（２点以下）
内　容	国、他人のため単独でも危険を顧みず身を挺して行動する隊員	国、他人のため部隊の一員として危険を顧みず身を挺して行動する隊員	国、他人のため恐怖心を乗り越えて行動できるよう日々努力する隊員	国、他人のため危険を冒してまで行動しようと考えない隊員	個人的損得勘定を唯一の価値観として行動する隊員

「行動目録チェックシート」の一例（自衛隊内部資料より）

陸上自衛隊では、この三つのキーワードに照らして各部隊や隊員個人の到達度を評価する「行動目録チェックシート」（前ページ）まで作成している。

それぞれのキーワードごとに二〇項目前後の項目が設定され、「そのとおり」「概《おお》ねそのとおり」「その傾向がある」「全くない」の四段階で評価し、その合計点で総合評価を行うのである。評価は、その後の教育指導に活用されるという。

特攻基地研修で確立させる死生観

陸上自衛隊の精神教育の最大の変化は、以前はなかった「死生観教育」が導入された点だろう。

戦前の「戦陣訓」（一九四一年に東条英機陸相が公布した「軍人勅諭」の行動規範）は、「死生を貫くものは崇高なる献身奉公の精神なり。生死を超越し一意任務の完遂に邁進《まいしん》すべし。身心一切の力を尽くし、従容として悠久の大義に生くることを悦《よろこ》びとすべし」と「死生観」について明記していた。

しかし戦後は、お国のため、天皇のため命を捧《ささ》げることを美徳とした「戦陣訓」の教条的国家主義が人命軽視の特攻作戦などにつながったとして否定された。そのため自衛隊の精神教育では、「死生観」に代わって、プロの自衛官として与えられた任務の完遂にこだわる責任感が強調された。

国会で自衛隊における死生観教育に関する質問が出たときも、防衛庁の教育訓練局長は「死生観は個人の心の中でそれぞれに考えていくべき問題と考えている。自衛隊では精神教育を重視しているが、あくまで責任の達成という見地から隊員に教えており、死生観そのものを教育しているわけではない」と答弁している（一九八五年四月五日、参議院予算委員会）。

しかし、陸上自衛隊が国連ＰＫＯ参加に踏み出していった一九九〇年代半ばから、幹部自衛官に対する精神教育に死生観教育が入ってくる。

たとえば、前出の陸上自衛隊の幹部候補生学校では、一九九六（平成八）年に、かつて特攻基地があった鹿児島県知覧への研修が導入された。しかし、予算不足のために一度行われたきり中断。それが、二〇〇二（平成一四）年に復活した。同校のウェブサイトには、その理由がこう記されている。

平成一三年九月一一日の米国同時多発テロを契機に、同年一〇月七日米英軍がアフガニスタン攻撃を開始し、平成一五年三月二〇日には対イラク軍事行動へと発展していった。この間、自衛隊は危険度のより高い国際紛争地域での活動を、短期ローテーションにより通年を通して実施することを求められ、業務の数的・量的ニーズを満たすために初級幹部を数多く派遣せざるを得ない状況になった。「行動して評価される」時代にあって、第一線部隊の骨幹たる初級幹部の旺盛な使命感とこれを支える死生観の確立の有無が、任務達成度合いを大きく左右することが改めて浮き彫りにされた。そうした、必要性から、資質教育の見直しの過程において、知覧研修の重要性が再認識されて復活し、精神教育の一環として正式に位置づけされたのである。（一部省略）

イラクなど「危険度のより高い国際紛争地域での活動」が、初級幹部の「旺盛な使命感とこれを支える死生観の確立」の必要性を生み出したというのである。そして、旧軍の特攻隊からそれを学ぶ意味について、次のように述べている。

戦後の平和な時代に生まれ育った現役幹部自衛官は、実戦経験がないため自衛官という職業の本質（武人、戦士）を曖昧に認識しがちである。このため、教官が、候補生に対して、戦場や危険な地域に赴く者やその家族の悲哀、願い及び覚悟といった心情を本気で語ることは難しいが、知覧研修によりこうした心情を把握させることができる。また、自衛官という職業の本質を直接的に突き付けてくる英霊のメッセージは、極めて衝撃的であり、教官や候補生に武人としての覚悟を否応《いやおう》なく迫り、服務の宣誓のベースをなす使命感及び死生観を真剣に考えざるを得なくなるため、自衛官の中核的な資質の陶冶上、絶好の機会といえる。

また、特攻作戦は無謀で人命軽視の作戦だったという「穿《うが》った見解も散見される」とした上で、こう反論している。

知覧特攻基地の教官、整備兵や挺身婦女子等軍属の一体となった誠実で献身的な仕事振り及び地元住民の家族的な愛情が相乗して、質素で、清らかで、粘り強くて、真摯な訓練・生活環境を創造し、これらが相俟《あいま》って隊員達をして厳しい訓練を克服させ、大義に殉ずる潔さと強さと勇気を陶冶し、度重なる米軍空襲との死闘を潜《くぐ》り抜けながらも、四三二機を出撃させて米軍を震撼《しんかん》せしめたことは、史実がよく物語るところである。（一部省略）

このように旧軍から死生観を学ぶ精神教育は、幹部候補生学校以外でも行われている。また、隊員たちに「遺書」を書かせることで死生観を確立させようとしている部隊もある。二〇一五年七月一一日のＴＢＳ系列「報道特集」が報じた。

同番組が防衛省に開示請求して入手した陸上自衛隊の内部文書「航空安全情報」（二〇一三年一〇月）の中で、木更津駐屯地の第一ヘリコプター団所属の3等陸佐が、死生観確立のための精神教育として、「陸上自衛隊武器学校内にある『雄翔館』及び部外に隣接した『予科練記念館』を研修させた後、遺書を作成させて各自の更衣ロッカーに貼り付けさせることにより有事に臨む心構えを確立させている」と書いていたのである。

陸上自衛隊は番組の取材に対して「遺書の作成は各部隊で一般的に行っているものではない。一部部隊で部隊長の統率上の指導の一環として、隊員の任意に基づき作成」とコメントしたが、北部方面隊（北海道）では二〇一〇（平成二二）年から二〇一二（平成二四）年の間、方面隊トップの北部方面総監の指示で「家族への手紙」と題して、隊員たちに事実上の遺書を書かせていたことが明らかになっている。

自衛隊員家族にも覚悟求める

海外での危険な実任務が増えるにともなって、自衛隊が「覚悟」を求めているのは隊員だけではない。

自衛隊のイラク派遣では、「家族支援」が重視された。「イラク行動史」にも、「過去の国際平和協力と比較した場合、イラクの事態は予断を許さない状況であったため、米軍及び他国の事例を参考に自衛隊独自の対応要領、特に家族支援態勢を確立した」とある。

自衛隊はこれまでも、国連ＰＫＯなど海外派遣の際は、家族説明会の開催や家族と隊員間の手紙や慰問品の郵送、家族に対する新聞の発行などの家族支援を行ってきた。イラク派遣では、これらに加えて、ゲリラによる攻撃などで死傷者が出るなどの「不測事態」が発生した場合の対処が「家族支援」に盛り込まれた。

対処の方針は、「マスコミから報道される前に、部隊から家族に通知できるように、三時間以内という目標を確立」(「行動史」)であった。この目標を達成するために、死傷などの通知を受ける家族を二人確定し、住所や連絡先を掌握した。それだけでなく、不測事態発生時に地元の部隊長が三時間以内に家族に通知できるよう、実際に家族宅への予行演習も実施した。

しかし、中には通知を受ける者の住所を明かさない家族もあったという。このことについて「行動史」は、「家族支援に関する提言」の項目で次のように記している。

　軍事組織においては、隊員は「身の危険を顧みず」任務を達成することが求められ、家族にもその覚悟は求められるが、現実はそうではない面があった。例えば、イラク派遣を地連の担当員から初めて聞かされてうろたえた両親や被通報者の居所を明確にしない家族があった。(中略)自衛隊がやや曖昧にしてきた「家族の意識改革」醸成措置を行うべきである。

つまり、家族も、いつ何どき自衛官である夫や息子や父親が死傷するかもしれないという「覚悟」をするべきだし、そのために自衛隊として家族の「意識改革」を行うべきだと言っているのである。

何が「海外派遣」の大義か

よく「自衛官に死のリスクがあるのは当然だし、それを承知で『危険を顧みず、身をもって責務の完遂に努める』との宣誓をして入隊しているのではないか」と言う人がいるが、私はこの主張には同意できない。

自衛隊の「服務の宣誓」は、ただ「自衛官は命をかける」と書いてあるのではない。何のために命がけで任務に臨むのかという「大義」についても、あわせて述べている。それ

宣誓する新隊員（陸上自衛隊ウェブサイトより）

は、冒頭の「私は、我が国の平和と独立を守る自衛隊の使命を自覚し、日本国憲法及び法令を遵守し」と、最後の「もって国民の負託にこたえることを誓います」の部分である。

つまり、隊員たちが入隊時に「命がけで任務を遂行する」と宣誓しているのは、①日本の平和と独立を守るために、②日本国憲法や法令に基づき、③国民の負託にこたえて、という三つの前提があるのだ。

外国の日本への侵攻に備えるだけが任務であれば、この「宣誓」の通りで何の問題も生じないが、いまや自衛隊の活動範囲は世界に広がっている。安保法制が成立し、今後は危険な任務が増え、隊員たちのリスクは格段に高くなるだろう。その時、隊員たちが何のために海外で命がけの任務に当たらなければならないのか、その「大義」が問われてくる。

航空自衛隊航空支援集団の司令官として、イラク派遣部隊の指揮をとった経験を持つ織田邦男氏も、この点を強調している。

織田氏が司令官に着任したのは二〇〇六（平成一八）年七月。同月、陸上自衛隊がサマーワから撤収したのを受けて、航空自衛隊は空輸活動の範囲をバグダッド空港にまで拡大する。陸上自衛隊の復興支援活動にかかわる空輸がなくなったため、以後、空輸する物資と人員は米軍関係が大半となった。そのころに、隊員たちに動揺が生じたという。

毎日のように攻撃情報がある。我々のミッションでも、一五分後に我々と同じ経路を飛んだイギリスのC130が攻撃を受けたことがある。あるいはバグダッドを離陸する前に、離陸許可を待ってたんですが、その機上を四発ロケット弾が飛んだということもありました。本当に危ないのです。（中略）そうしますと、やはり隊員たちはギクシャクするわけですし、また動揺もします。「なんで、おれたちはこのミッションやるのかな」と、究極的にはそこへ落ち着くわけです。（二〇〇九年四月、日本国防協会主催の講演会で）

実際にイラク上空を飛行するC130の機長たちに話を聞くと、みんな冷戦時代に入隊した隊員たちだった。織田氏は「なるほど」と思ったという。

祖国防衛のために自衛隊に入ってきているのです。国のために、国家の危急存亡のときに血を流す、そんなものは当たり前だと思っているわけです。ただそれが、二〇〇七年の一月からは、いわゆる国際平和協力、国際活動が本来任務化されましたが、「じゃ、何のために行くのか」という疑問については、国論も一致していないし、国家として明確な回答を彼らに出していないわけです。そうしますと「我々は、何でこんな過酷な任務を、しかも危険な任務をやらなきゃいけないのか」「これで、何に役立っているんだ」というのが、本当に疑問になるわけです。（同前）

動揺する隊員たちにイラクでの空輸活動の大義名分を示す必要性を感じた織田氏は、「これは日米同盟のためだ」と繰り返し訓示したという。

二〇〇七（平成一九）年一〇月に民主党がイラク特措法廃止法案を国会に提案した後、ついに退職者が出た。冷戦終結後に入隊した若い副機長であった。隊員の所感文を読むと、「我々のやっていることは、ひょっとして間違いかもしれない」と書かれていた。

織田氏は、国家が活動の大義名分を示すとともに、国民の理解と支持がなければ隊員たちの高い士気は維持できないと強調する。

日本を出発する際、基地の正門前にイラク派遣に反対する市民のデモ隊が押し寄せ、隊員たちにシュプレヒコールが浴びせかけられる光景に、「石もて追われるが如《ごと》く隊員たちが過酷な任務に就くという状況は、指揮官としては本当に居たたまれなかった」という。二〇〇八年四月には、名古屋高等裁判所で航空自衛隊のイラクでの空輸活動は憲法違反との判決が出された。

ああいう違憲判決や民主党のイラク廃止法案などというものは、ボディブローのように効いてくるわけです。デモ隊もそうなのですけれど、ボディブローとは何かというと、隊員の家族が動揺するのです。「お父さん、ひょっとして何か悪いことしてるんじゃないか」と、そうしますと、当然足下から揺らいでくるわけです。（同前）

織田氏は、隊員たちが動揺しながらもイラクでの五年間の任務をやり遂げることができたのは、「クルーの使命感と早い話が浪花節的人間関係」だったと指摘した上で、今後任務が厳しくなっていけば、それでは立ち行かなくなると警鐘を鳴らす。

「おれが今辞めたら同僚は困るよな」「五回目のやつが、また六回目に行かなきゃいけない、だから辞められないな」と、そういうものでもっているのです。そういう綱渡り的なことでほんとに良いのでしょうか、これから国際貢献活動というのは、どんどん増えていきます。しかもどんどん難しいミッションになっていくでしょう。そのときには、やはり国論を一致させて国民の理解と支持のもとに派遣しないと国際貢献活動は立ちいかなくなる可能性がある。（同前）

「国論の一致」なき安保法制

二〇一四年七月一日の閣議決定と安保関連法案の叩き台になったのが、同年五月に「安全保障の法的基盤の再構築に関する懇談会」（安保法制懇）が安倍首相に提出した報告書である。同懇談会のメンバーであった西元徹也・元統合幕僚会議議長は、同年一二月に行われた隊友会（自衛隊のOB組織）主催の講演会で次のように語った。

「万々が一ということを我々は念頭に置いておかなければいけない。犠牲者が出たときに、政府も、国民も、それ相当の覚悟を決めておくべき」「自衛隊の部隊、あるいは隊員諸兄は、今後より一層厳しい任務遂行の現場に立たされる。これは、もう間違いないだろうと私は思う」（隊友会「防衛開眼」第四一集）。

国民に「覚悟」を求めるのであれば、その前に「国論の一致」を図るべきだろう。しかし、安倍政権と与党は最後まで国民の理解を得ることのないまま、安保関連法案を強行成立させた。

成立直後に「朝日新聞」が行った全国世論調査では、同法に「反対」が五一％と半数を占め、「賛成」の三〇％を大きく上回った。「読売新聞」の全国世論調査では、政府・与党の国民への説明が「不十分」と思う人が八二％を占め、「十分」はわずか一二％であった。こうした結果からも、安保法制に基づく自衛隊の海外での任務拡大に「国論の一致」がないことは明らかである。

国民の理解も支持もないなかで、自衛官に国家のために海外で命を懸けさせるようなことはあってはならない。

第七章

「政・財・軍」の強固なスクラム

パリ郊外にて開催された兵器の展示会「ユーロサトリ」
（写真：共同通信社）

海外派遣即応部隊司令官の訓示

二〇〇七（平成一九）年一月の防衛庁の「省」への昇格にあわせて、自衛隊の海外派遣はそれまでの「付随的任務」から「本来任務」に格上げされた。

そして同年三月二八日には、海外派遣に常時即応する部隊として、陸上自衛隊に「中央即応集団（ＣＲＦ）」が新編された。以後、陸上自衛隊の海外派遣については、中央即応集団が迅速に先遣隊を派遣し、その後の本隊の活動も同司令部が一元的に指揮することとなった。また、国際活動専門の教育を平素から行う「国際活動教育隊」も新編された。

中央即応集団の第二代司令官を務めた柴田幹雄陸将（当時）は、二〇〇九（平成二一）年年頭の訓示で同部隊の存在意義を次のように語った。

> 中央即応集団は、海外における国家目的や国益、戦略的な利益を追求するためのツール若《も》しくは手段として使用される。積極的に手を打つ場合の手段として使われるのである。（中央即応集団広報紙「ＣＲＦ」二〇〇九年一月三〇日）

この発言に、私は正直驚きを隠せなかった。それまで、自衛隊の国際活動は、公の場では「国際貢献」という文脈で語られることが多かったからだ。ついに日本でも、海外での国益追求の道具として「軍隊」を活用することが、現役の自衛隊高級幹部によって公然と唱えられるようになったのである。

テロ特措法に基づくインド洋での米艦船への給油活動が始まって以降（二〇〇一年一二月～）、政治の世界では自衛隊の国際活動が単なる「国際貢献」としてではなく、日本の国益と絡めて語られることが多くなっていた。

イラクへの派遣についても、当時の石破茂防衛庁長官はテレビの討論番組で「（イラクに軍を派遣している）三三ヵ国が皆、自国の国民の命を懸けてやっているときに、『日本人だけは行きません。イラク復興は世界の皆さんやって下さい。立派に復興したら石油は日本に優先的に下さい』、そういうことが国際社会に通用するなら、そういう（派遣しない）議論もいいでしょう」（テレビ朝日系「サンデープロジェクト」二〇〇三年一一月二三日）などと話していた。

二〇〇七年五月に民間シンクタンク「日本戦略研究フォーラム」が開いたシンポジウムでも、石破氏は「今後、国益のために自衛隊をどう使うかという発想が必要だ」と強調している。

前出の中央即応集団司令官の訓示も、おそらくこうした政治のスタンスの影響を受けてのものだろう。

この訓示の約二ヵ月後、政府は海賊対処のためにアフリカのソマリア沖に自衛隊を派遣することを決定し、ジブチの拠点基地の警備などのために陸上自衛隊中央即応集団からも中央即応連隊が派遣されることになった。

その壮行行事でも、火箱芳文陸上幕僚長（当時）が「本派遣の意義は、国益擁護に直結した初の統合任務部隊による国際活動であり、陸自全般の国際活動能力の向上と、他国駐留軍との関係強化が望める、という点である」と訓示した（「朝雲」二〇〇九年五月二一日）。

財界からの提言

海外での「国益擁護」のために自衛隊をもっと活用すべきだという声は、経済界からも上がっている。

日本経済団体連合会（日本経団連）は二〇〇七年、今後一〇年のヴィジョン「希望の国、日本」を発表した。

その中で、「国際テロなど新たな脅威に対して国際社会が団結して取り組む必要が高まっている。国民の安心・安全を確保するために必要な安全保障政策を再定義し、その展開を図っていくことが求められている」として、憲法第九条二項を改正して「国益の確保や国際平和の安定のために集団的自衛権を行使できることを明らかにする」ことを求めた。

経済同友会も二〇一三（平成二五）年四月、「『実行可能』な安全保障の再構築」と題する提言を発表した。

提言では、「戦後六〇年余を経て、日本は各国との相互依存関係を世界中に拡大し、その人材や資本、資産、権益もあらゆる地域に広がっている。いわば、日本の国益は、日本固有の領土・領海と国民の安全のみではなく、地域、世界の安定と分かちがたく結びついているのであり、この流れはグローバル化の中で、一層進展していくことだろう」と指摘。

「日本経済の基盤として安全保障を考える企業経営者の立場」から、「ライフラインとしてのシーレーンの安全確保」や「海外における自国民保護体制の強化」「集団的自衛権行使に関わる解釈の変更」などを求めている。

今回の安保法制の真の目的もここにある。安倍政権は国会審議で「国民の命と平和な暮らしを守り抜くための法案」と繰り返し、あたかも国民一人ひとりの命と暮らしを守るための立法であるかのように説明したが、彼らが自衛隊の海外任務の拡大でねらっているのは、軍事力を後ろ盾とした「国益」の擁護と追求であり、グローバル市場で日本の企業が自由に活動できる環境を守ろうとしているのである。

陸上幕僚長、統合幕僚長を歴任し、自衛隊退官後も防衛省顧問や防衛大臣補佐官を務めた折木良一氏は著書『国を守る責任―自衛隊元最高幹部は語る』（ＰＨＰ新書、二〇一五年）の中で、国家安全保障の目標を国の平和や繁栄とするのは普遍的すぎて力強さに欠けるとして、次のように率直に述べている。

私なら、昨今の安全保障環境の変化を踏まえ、それを「自由度の確保」とシンプルに表現します。資源の少ない海洋国、貿易立国の日本にとって、公海での通航を制約されたり、領海・排他的経済水域（EEZ）での権利が侵害されれば、国の存立が危うくなります。個人のレベルでは、経済活動の自由があり、日本のパスポートで世界一七〇カ国に査証《ビザ》免除で入国できる渡航の自由度が高いことが、グローバルな経済活動のベースになります。通航・海洋利用、移動や渡航の自由度が確保できないことには、国の平和と繁栄、国民の安全もありません。

まさに、グローバルな経済活動を展開していく上での「自由度の確保」こそが、国家安全保障戦略の目標だと強調している。

さらに、防衛問題の専門家としてメディアにもしばしば登場する志方俊之帝京大学教授（元北部方面総監）は、「『国益を守る』とは『生命線を守る』ことだ。そしてその『守るべきもの』は日本の領土以外にも多く存在していることを、我々国民はしっかりと認識しなくてはならない」（「朝雲」二〇一四年七月一〇日）と述べている。

「生命線」は、かつて日中戦争遂行のために用いられた「満蒙《まんもう》は日本の生命線」というスローガンを想起させる。しかし、現在のシーレーンなどの「生命線」は、やたらと脅威ばかりが叫ばれている中国も含めて、世界の多くの国も利益を共有しているものだ。「仮想敵」をつくる軍事同盟の強化ではなく、より集団的で平和的な安全確保の枠組みを目指すべきではないか。

経済のグローバル化がもたらす「テロ」

軍事力を背景に多国籍企業が自由に経済活動を行える世界秩序を守ろうという点では、日米の利害は一致している。

アメリカはもっと率直だ。二〇〇一(平成一三)年にアメリカが「対テロ戦争」を本格的に始めてから改定された陸軍の作戦教範は、「作戦環境の変化」についてこう記している。

グローバル化は、今後も世界的な繁栄をもたらし続けるが、同時に世界中にテロを広げるだろう。相互依存経済は巨大な富の獲得を可能にした。失敗のリスクが大多数の者に持たされている間に、この富の恩恵が少数の者の手に集約され続ける。この富の不平等な配分は、「持つ者」と「持たざる者」の関係を生み出し、しばしば紛争の種となる。（中略）専門家は、二〇一五年までに最大で二八億人が（その大多数は発展途上国の「持たざる」地域の人々だろう）貧困レベル以下の生活となっていると予測している。これらの人々は、過激派グループの勧誘に弱い。（中略）グローバル化はすでにいくつかの国を置き去りにしており、これからさらに多くの国が加速するテンポについてこれなくなるだろう。その結果、これらの国の住民は苦しみ、そのフラストレーションから急進的なイデオロギーを受け入れやすくなる。（米陸軍省「FM 3-0 Operations」二〇〇八年二月）

つまり、経済のグローバル化による世界的な格差・貧困の拡大こそがテロの根本的な原因となっており、それは今後ますます拡大していくだろうと述べているのである。アメリカは、市場原理主義、新自由主義に基づいて経済のグローバル化を推し進めてきた張本人だ。ある意味、自らテロの原因を生み出してきたことを率直に認めているのである。

アメリカは二〇〇一年の九・一一同時多発テロ事件以降、圧倒的な軍事力によってねじ伏せるようなやり方でテロを撲滅しようとした。国外の貧者を押さえつける戦争に、国内の貧者が動員されたのだ。しかし、そうした軍事力だけに頼った方法は住民の反米感情を増幅させ、敵の戦闘員を増やし、むしろ治安を悪化させるということを、アフガニスタンやイラクでの戦闘の泥沼化を通じて米軍は学んだ。

そうした教訓を踏まえ、地上での治安安定化作戦を行う陸軍と海兵隊は、軍事作戦とともに民心掌握のための民事作戦を重視する「対反乱(ＣＯＩＮ)作戦」のドクトリンを二〇〇六(平成一八)年にまとめた。

しかし、その後のアフガニスタンやイラクでの状況を見ると、十分な効果を発揮しているとは言い難い。そもそも右手で殴りつけておいて、左手でキャンディをあげるようなやり方は、両手でただ殴りつけるよりはましであっても、それで民心を深く掌握できるはずがない。しかも、中東においては、かつてこの地域を植民地支配していた欧米諸国に対する根強い不信感がベースにある。

一方、この地域の人々は日本に対しては非常に「親日的」である。私自身、二〇〇三〜

〇四年にアフガニスタンとイラクを訪れたが、現地の人々が想像以上に「親日」であることに驚いた。日露戦争でロシアに勝ったこと、米英との戦争で国土が焦土と化しながら戦後復興を成し遂げて世界有数の経済大国になったこと、トヨタやソニーといった「ハイテクノロジーの国」――「親日」の理由はさまざまだが、やはり中東で一度も侵略や植民地支配をしたことがないという点は非常に大きいと思う。

こうした点を考えると、グローバル経済秩序を守るためにアメリカにくっ付いて中東で軍事作戦を展開するのではなく、欧米とは異なる日本独自のポジションを生かして、軍事力によらない日本ならではのやり方でこの地域の安定に貢献していくことこそ賢明な選択ではないだろうか。

武器輸出解禁と「軍産複合体」

安倍政権は二〇一四（平成二六）年四月一日、これまでの武器輸出三原則に代わる「防衛装備移転三原則」を閣議決定し、紛争当事国や国際条約違反国など以外への武器輸出を原則として解禁した。

二〇一五（平成二七）年一〇月一日には、武器の研究開発・生産・調達を一元的に管理し、海外への輸出や国際的な共同開発を推進する防衛装備庁が発足した。同庁の職員数は、文官約一四〇〇人と自衛官約四〇〇人を合計した約一八〇〇人で、予算規模は約一兆六〇〇〇億円と防衛省全体の三分の一を占める。

二〇一五年七月一日に経団連の防衛産業委員会の年次総会で「わが国の防衛産業政策」というテーマで講演した防衛省の西正典事務次官（当時）は、「防衛装備移転三原則」の実効性を高めていくことが今後の課題だと語り、「装備品の海外移転や国際共同開発には、政府と産業界が一体となって取り組まなければならない」と強調した（「週刊経団連タイムス」二〇一五年七月二三日）。

西事務次官が今後の武器輸出・国際共同開発の方向性として具体的に挙げたのは、オーストラリアの「次期潜水艦」の共同開発（技術支援）と「海洋安全の確保」の視点からのASEAN諸国との協力の二つであった。

オーストラリア政府は次期潜水艦を八～一二隻調達する計画で、これに同国史上最大の四兆円規模の予算をかける。日本は海上自衛隊の最新潜水艦「そうりゅう型」をベースにした共同開発を提案している。

ドイツ、フランスとの「受注競争」に勝利するため、日本政府と三菱重工、川崎重工などの官民合同チーム（約三〇人）は八月二六日、オーストラリア南部のアデレードで軍需産業の関係者向けに説明会を開いた。

ASEAN諸国との協力では、安倍晋三首相が六月にフィリピンのアキノ大統領と東京で会談し、武器輸出や技術移転に関する協定締結に向けた交渉開始に合意した。報道によると、フィリピン側は領有権問題を抱える南シナ海の南沙諸島周辺での中国海軍の活動を念頭に、P3C対潜哨戒機《しょうかいき》の提供を日本側に求めているという。

首脳会談直後の六月下旬には、南沙諸島周辺で初めて海上自衛隊とフィリピン海軍の共同訓練が行われ、海上自衛隊のP3Cにフィリピン軍兵士も搭乗して南シナ海上空を飛行した。訓練の目的は「人道支援・災害救援」と発表されたが、もしかしたらP3Cのフィリピンへの輸出に向けた「体験搭乗」を目的としていたのかもしれない。

重要なことは、オーストラリアやフィリピンなどへの武器輸出・共同開発が、これらの国との防衛協力の拡大と同時に進められているという点である。

安保法制の国会審議の中でも、集団的自衛権の行使の対象となる「密接な関係にある外国」が、同盟国であるアメリカに限らないことが明らかになっている。

これは、自衛隊の海外での活動の拡大が、そのまま武器輸出ビジネスに直結するということを意味している。

アメリカでは、巨大な「軍産複合体」の存在が、常に世界のどこかで戦争をし続ける要因となっていると指摘する人は少なくない。巨大な軍需産業とその既得権益を維持・存続させるには、兵器を大量に消費する戦争がないと成り立たないからだ。

第二次世界大戦のヨーロッパ戦線で連合国軍の最高司令官を務め、戦後第三四代合衆国大統領に就任したアイゼンハワーは、一九六一（昭和三六）年一月一七日に行った大統領退任演説で「軍産複合体が我々の自由と民主主義を破壊するようなことはあってはならない」と警告を発し、「それを制御できるのは見識ある市民の警戒心だけである」と強調した。

この言葉は、武器輸出が解禁された今、日本にとっても他人事とはいえなくなっている。日本も、軍需産業の維持存続や利潤追求の「ツール」として自衛隊が使われないよう、市民の警戒が必要な時代に突入したといえるだろう。

軍需企業の自民党への献金と「天下り」

武器輸出の解禁は、前出の西防衛事務次官の「政府と産業界が一体となって取り組まなければならない」という言葉に示されるように、防衛省・自衛隊と防衛産業界の関係をこれまで以上に緊密なものにしていくだろう。そしてすでにその「兆候」は出ている。

次ページの図表6は、二〇一四年度に防衛省が武器などを調達した軍需企業上位一〇社と、自民党の政治資金管理団体である「国民政治協会」への献金額（二〇一三年）、自衛隊高級幹部の「天下り」数を一覧表にしたものである。

政府専用機の契約を結んだＡＮＡホールディングスを除く九社の契約額を合計すると八六九一億円となり、防衛省の年間調達額の半分以上を占める。

Ｆ35戦闘機（下請け生産）や護衛艦、新空対艦誘導弾などを調達した三菱重工は、契約額が二六三二億円と、たった一社で防衛省の年間調達額の一六・七％を占める。

長らく契約額一位をキープしている同社は、国民政治協会への献金額は三〇〇〇万円で

【図表6】2014年度中央調達契約高上位10社と国民政治協会への献金額、天下り件数

順位	契約企業	件数	金額	年間調達額に対する比率	国民政治協会への献金額(2013年度)	天下り数(2014年)
1	三菱重工	213	2632億円	16.7%	3,000万円	28
2	川崎重工	156	1913億円	12.2%	2,500万円	6
3	日本電気	287	1013億円	6.4%	1,500万円	3
4	ANAホールディングス	1	928億円	5.9%	1,100万円	0
5	三菱電機	118	862億円	5.5%	1,820万円	10
6	IHI	20	619億円	3.9%	1,000万円	2
7	富士通	128	527億円	3.4%	1,000万円	6
8	東芝	70	467億円	3.0%	2,850万円	3
9	小松製作所	34	339億円	2.2%	800万円	3
10	三井造船	8	319億円	2.0%	200万円	1

（注）献金額は2013年の収支報告書より

トップ、「天下り」数でも二八人と群を抜いている。

国会に報告された「自衛隊員の営利企業への就職の承認に関する報告」によれば、陸上自衛隊の濱崎久実武器学校長が「防衛装備品等（主に火器）の改善等に関する運用的側面からの指導・助言」を行うため、海上自衛隊の第二一航空群司令や横須賀地方総監部幕僚長を歴任した中田芳基氏は「回転翼航空機の改善等に関する運用的側面からの指導・助言」を行うため、ともに同社の「顧問」に採用

されている。

「国策」としての武器輸出と国際共同開発の推進によって、「政・財・軍」の結びつきは今後さらに強まっていくだろう。

企業の新入社員を自衛隊の任期制隊員に？

経済同友会の前原金一専務理事（当時）が二〇一四年五月、自身が委員を務める文部科学省の有識者会議で、職に就けず奨学金返済を延滞している若者を「防衛省でインターンシップ（就業体験）させたらどうか」と発言したことは序章で紹介した。

前原氏は「防衛省も考えてもいいと言っている」とも発言したが、事実はそうではなかった。二〇一五年八月二六日の参議院平和安全法制特別委員会で、中谷元防衛大臣がことの経過を明らかにした。

それによれば、前原氏が文部科学省の有識者会議で発言する前年の二〇一三年七月に、防衛省の方から前原氏に対して自衛隊への「インターンシップ・プログラム」を提案したのだという。

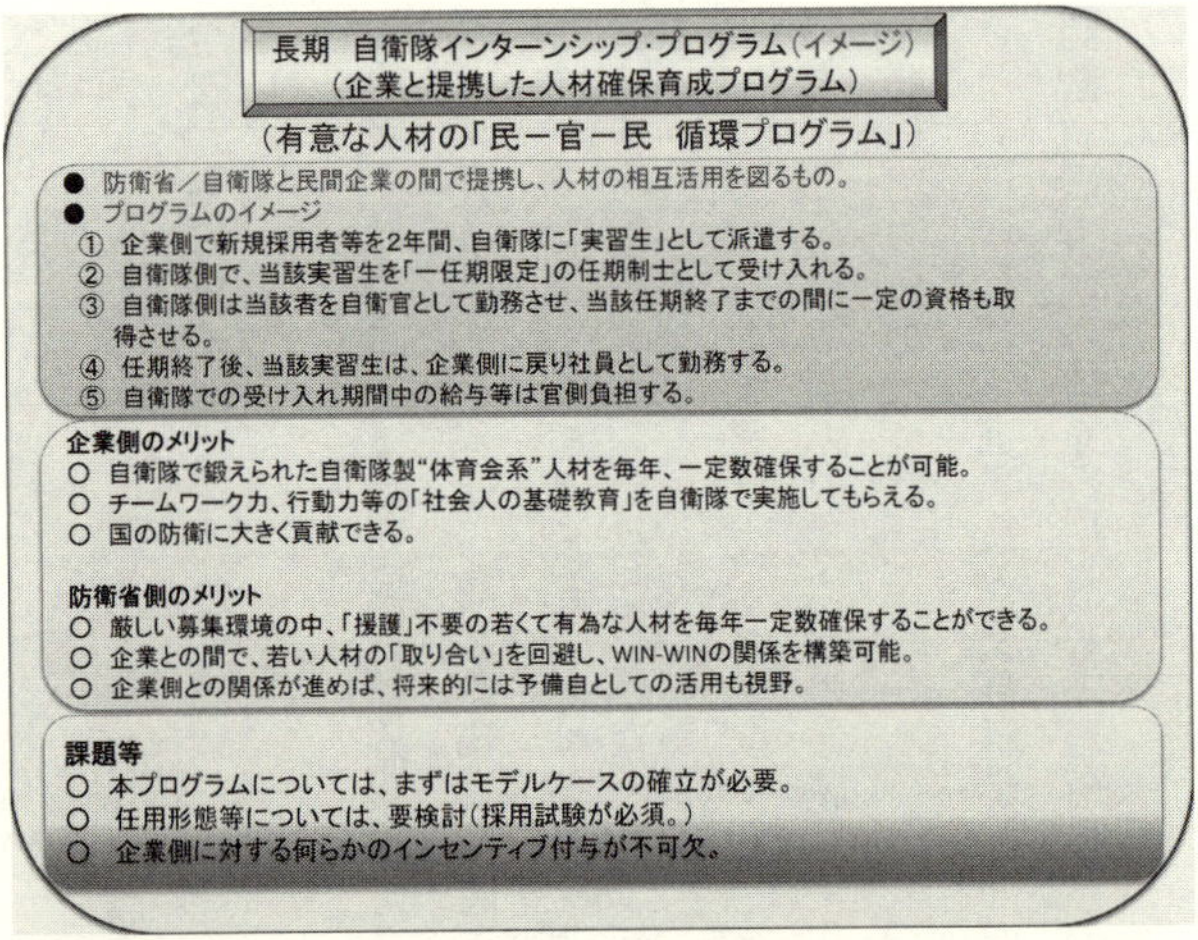

長期　自衛隊インターンシップ・プログラム（イメージ）
（企業と提携した人材確保育成プログラム）

（有意な人材の「民ー官ー民　循環プログラム」）

● 防衛省／自衛隊と民間企業の間で提携し、人材の相互活用を図るもの。
● プログラムのイメージ
① 企業側で新規採用者等を2年間、自衛隊に「実習生」として派遣する。
② 自衛隊側で、当該実習生を「一任期限定」の任期制士として受け入れる。
③ 自衛隊側は当該者を自衛官として勤務させ、当該任期終了までの間に一定の資格も取得させる。
④ 任期終了後、当該実習生は、企業側に戻り社員として勤務する。
⑤ 自衛隊での受け入れ期間中の給与等は官側負担する。

企業側のメリット
○ 自衛隊で鍛えられた自衛隊製“体育会系”人材を毎年、一定数確保することが可能。
○ チームワーク力、行動力等の「社会人の基礎教育」を自衛隊で実施してもらえる。
○ 国の防衛に大きく貢献できる。

防衛省側のメリット
○ 厳しい募集環境の中、「援護」不要の若くて有為な人材を毎年一定数確保することができる。
○ 企業との間で、若い人材の「取り合い」を回避し、WIN-WINの関係を構築可能。
○ 企業側との関係が進めば、将来的には予備自としての活用も視野。

課題等
○ 本プログラムについては、まずはモデルケースの確立が必要。
○ 任用形態等については、要検討（採用試験が必須。）
○ 企業側に対する何らかのインセンティブ付与が不可欠。

自衛隊インターンシップ・プログラム（自衛隊内部資料より）

しかし、防衛省が提案したのは、奨学金返済を延滞している無職の若者ではなく、企業の新規採用者を「実習生」として一任期（二年間）限定で受け入れるプログラムであった。

防衛省が提案する際に示した文書には、このプログラムの企業側のメリットとして「自衛隊で鍛えられた自衛隊製〝体育会系〟人材を毎年、一定数確保することが可能」「チームワーク力、行動力等の『社会人の基礎教育』を自衛隊で実施してもらえる」などと記されている。

一方、防衛省側にも、「厳しい募集環境の中、『援護』不要の若くて有為な人材を毎年一定数確保することができる」「企業との間で、若い人材の『取り合い』を回避し、WIN‐WINの関係を構築可能」などのメリットがあるとしている。また、将来的には、自衛隊での「実習」を経験した社員を予備自衛官として活用することも視野に入れるとも書いている。

「インターンシップ・プログラム」というと聞こえはいいが、その企業に就職した人は業務命令として自衛隊に派遣され、二年間その業務に当たらなければならない。そのため、「形を変えた徴兵制ではないか」という声も上がっている。

実際、すでに多くの企業が新入社員の研修に自衛隊の「隊内生活体験プログラム」を活用している現状がある。これを拡大して、任期制隊員の確保につなげようという腹積もりなのだろう。

実は、この構想は目新しいものではなく、防衛省・自衛隊が以前から検討してきたものである。二〇〇七年に防衛省の「防衛力の人的側面についての抜本的改革に関する検討会」がとりまとめた報告書でも、「レンタル移籍制度」という名称でまったく同じ構想を検討項目に挙げていた。

同報告書には「自衛隊へのレンタル移籍制度に関心を有する民間企業等が実際に存在する」と記されており、この時も、単に防衛省が一方的に「やりたい」と言ったのではなかった。

隊員の再就職支援で企業と連携

自衛隊はこれまでも、人事施策において企業・経済界との連携を重視してきた。最大の理由は、精強性を保つために任期制と若年定年制をとっているためである。一般の国家公務員は六〇歳が定年だが、自衛隊の場合は非任期制隊員でも大半が五四〜五六歳で退職しなければいけない制度となっている。そのため、自衛隊は退職隊員に対する再就職支援（自衛隊はこれを「援護」と呼んでいる）を重視している。

二〇一五年版の防衛白書も、再就職支援の重要性について、次のように記している。

再就職の支援は、雇用主たる国（防衛省）の責務であり、自衛官の将来への不安の解消や優秀な人材の確保のためにも、きわめて重要であることから、職業訓練などの

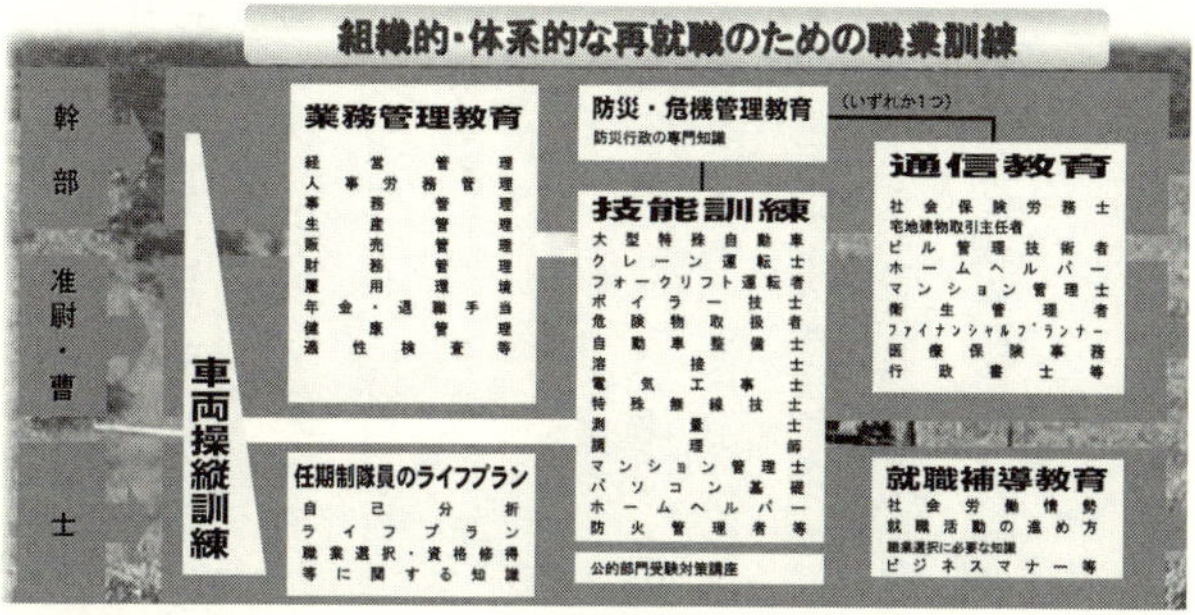

自衛隊が行っている再就職支援（自衛隊ウェブサイトより）

援護施策を行っている。また、再就職は、社会に退職自衛官が持つ様々な技能を還元し、人的インフラを強化する観点からも重要である。

国は退職後の再就職先の面倒もしっかり見てくれる、そうでなければ隊員たちは士気高く任務に当たれないし、優秀な人材も入ってこないということだ。

自衛隊は上の図のように任期満了や定年を控えた隊員に対してさまざまな「再就職のための職業訓練」を実施している。

任期制隊員を対象とした「ライフプランセミナー」、定年制隊員を対象とした「業務管理教育」といった「動機付け教育」のほか、入隊三年目以上の全隊員を対象に大型特殊自動車、自動車整備、溶接、電気工事、測量、マンション管理、ホームヘルパー、パソコン基礎など約五〇種の「技能訓練」や警察・消防などの公務員試験を前提とした「公的部門受験対策講座」が用意されている。近年は、女性隊員向けに、「技能訓練」の科目にネイリスト、フラワーデザイナー、ブライダルプランナーといったものも加えられている。

さらに現在、隊員が自分にあった仕事を選択できるよう、退職前に複数の企業に研修に行く「インターンシップ」制度も検討されている。

こうした職業訓練を行いながら最終的には職業紹介までつなげていくのだが、防衛省には職業紹介を行う権限がないため、一般財団法人「自衛隊援護協会」が代わりにこれを行っている。

同協会の法人会員には、三菱重工、川崎重工、三菱電機、ＩＨＩ、東芝、富士通、小松製作所などの武器生産企業も軒並み名前を連ねている。また、都道府県ごとにも「自衛隊退職者雇用協議会」が組織されており、全国で約一万三〇〇〇社が協力企業となっている。

一九七〇年代からあった民間との人事交流構想

さかのぼると、こうした自衛隊と民間企業の「人事交流構想」は一九七〇年代からあった。

一九七〇（昭和四五）年の「防衛白書」には次のような記述がある。

任期を終えて除隊する自衛官が精神的、技術的教育を受けて近代工場の技術者に劣らない能力を持ち、健全で優良な国民として社会に送り出され、社会もまた喜んでこれを受け入れるということになれば、自衛隊と社会の間に有益な循環交流関係が成立し、自衛隊にとっても、社会にとっても好ましいことである。

自衛隊は、国民教育の場としての機能を再検討し、その教育訓練を国民の社会生活の一環として把握し、両者の関係を正しく位置づけ、自衛隊と産業社会が適切な相互依存関係をもつて、互いにその発展を助け合うという関係をもつことは、一九七〇年代における労働力の不足、科学技術の進歩、防衛力の整備等の相関関係を考え合わせたとき、非常に重要な問題であるといわなければならない。

一九七〇年代といえば前述のとおり、自衛隊広報官による中小企業の若手社員の「引き抜き」がたびたび問題となり、防衛庁の募集責任者も「募集は正直に言えば自衛隊の恥部。だが、これがなければ自衛隊は成り立たない」と苦渋のコメントを新聞に出していた時代である（第三章参照）。

そうした厳しい募集環境の中で必要な隊員を確保する方策として、自衛隊を「国民教育の場」として位置付けることによる自衛隊と民間の人的資源循環交流構想が考え出されたのである。

一九七〇年一月に防衛庁長官に就任した中曾根康弘氏は、民間の各界有識者による「日本の防衛と防衛庁・自衛隊を診断する会」を発足させた。メンバーには、当時ソニーの副社長であった盛田昭夫氏もいた。同年六月三〇日に中曾根長官に提出された報告書は、こう提言している。

自衛隊の現教育課程を整理し、必要に応じて新しい課目を加えて再編成し、現在の兵技中心の兵営的性格に一般教養および思想を陶冶する学校的性格をもたせる。そして入隊したものには、任期中に精神的、肉体的、技術的訓練を施し、任期を終えたものは社会のどこにでも通用する実力があるようにする。また、中学卒で入ったものは、一任期終われば高校卒の資格が与えられ、さらにもう一任期いたものは、短大卒の資格が与えられるというように公的資格を付与することにし魅力をもたせる。

この二年後、当時の田中角栄首相も「自衛隊を魅力化することを考えたらどうか。たとえば中卒で何年か入隊していれば高卒の資格を与え、さらに四、五年いたら大学卒の資格をとれるようにすればいいのではないか」と発言。増原恵吉《けいきち》防衛庁長官も「この構想が実現すれば非常にありがたい。能力がありながら進学できない子弟の道を開く事になるし、自衛隊にとって貴重な人材を集められるなど大いにプラスになるので、実現の方向で検討したい」と首相の発言を歓迎した。

自衛隊を「国民教育の場」として位置付け、民間企業にとって有用な人材を育成して社会に送り出すというだけでなく、任期満了者に高卒や短大卒の資格を与えることまでイメージされていたのである。

消えることのないインターンシップ計画

中谷元防衛大臣は二〇一五年八月二六日の参議院の平和安全法制特別委員会で、二〇一三年に防衛省が経済同友会の専務理事に提案した「インターンシップ・プログラム」について、「実習生の身分、給与、採用選考などさまざまな点でまだ課題が多々あり、防衛省ではこれ以降具体的な検討は行っておらず、今後も検討を行う予定はない」と答弁した。

しかし、陸上自衛隊東部方面総監部の「人事部将来施策検討グループ・募集分科会」が自衛隊の部内誌『修親』の二〇一四年一二月号に執筆した「将来の厳しい環境下における募集のための施策について」と題する論文（序章に既出）には、「中・長期的に取り組むべき施策」の一つとして同様の構想が挙がっている。

論文は、「地方公共団体の首長や企業主の中には、若い職員等を一時的に自衛隊に入隊させ、背筋の通った社会人として鍛えて欲しいと望む人は少なくない」として、企業の採用予定者を一定期間、任期制隊員として採用する枠組みの創設を提案。この制度のメリットについて、「自衛隊は必要な隊員数を確保でき、企業は社員となる人材の育成に役立てることができ、両者にとって価値ある関係を築くことができる」と述べている。

また、アメリカの「GIビル」のような自衛官向けの奨学金制度が検討される可能性もおおいにあるだろう。

在職中、防衛省で自衛官募集業務に携わった経験を持つ廣瀬誠・元陸上自衛隊北部方面総監は、少子化時代に必要な隊員数を確保するためには「進学したいのにお金がない若者を支援するため、自衛隊に入れば大学に入れる資金を得られるような制度も考えられるべき」と語っている（「朝日新聞」二〇一五年九月二日）。

現在も、自衛隊には「貸費学生」という奨学金制度が存在している。これは、卒業後に自衛隊に入隊して「衛生・技術系幹部」になる意志を持つ医学・理工系の学生あるいは大学院生を対象に、月額五万四〇〇〇円の奨学金を支給する制度である。しかし、この制度の採用数は毎年一〇数名程度と非常に限られている。

だが、予算上の問題さえクリアされれば、これを拡充することは可能だろう。実際、二〇一四年七月二二日に開催された防衛省の「国防を担う優秀な人材を確保するための検討委員会」の第七回会合では、「時代の変化に応ずる募集対象者の特性を踏まえた志願者の獲得」策として、貸費学生制度の拡充が検討項目として挙げられた。

ここでいう「時代の変化」「募集対象者の特性」が具体的に何を指すのかは不明だが、前出の廣瀬氏が言うように、近年の格差と貧困の拡大で増えている「進学したいのにお金がない若者」のことかもしれない。

これらの施策はすぐには実現しなくても、今後も公式あるいは非公式での検討が続けられる可能性が高い。

自衛官は使い捨て?

「自衛官は使い捨てなのか、と思いました」

東日本のある陸上自衛隊駐屯地に勤務する四〇代の男性自衛官は、安保関連法案の国会審議について、こう感想を漏らした。

「国会で、自衛官は敵に捕らえられても『紛争当事国の戦闘員』ではないのでジュネーブ条約の適用外になると話していて、国の命令で行くだけ行かせて、後は知らないよとなるのかな、と」

ジュネーブ条約は、拷問の禁止など捕虜の人道的待遇を義務付けているが、政府は「ジュネーブ条約上の捕虜とは、紛争当事国の軍隊の構成員等で敵の権力内に陥ったものとされる。自衛隊の後方支援は武力行使に当たらない範囲で行われるので、（自衛官が）ジュネーブ条約上の捕虜となることはない」（岸田文雄外相、二〇一五年七月一日の衆議院平和安全法制特別委員会）と説明した。

国際的には、補給・輸送などの後方支援（兵站）は武力行使と区別されないし、「兵站を叩け」というのは軍事の常識だ。実際には、活動中に攻撃を受け拘束されるリスクがあるにもかかわらず、政府は自衛官の法的地位に欠陥があるまま、弾薬輸送などこれまで以上に危険な任務を与えようとしている。あまりにも無責任だし、自衛官が、自分たちは「使い捨てなのか」と感じるのも当然だろう。

この男性が所属する部隊では、集団的自衛権行使を容認する閣議決定以降、部隊長が「覚悟のできない者は遠慮なく退職を申し出よ」と訓示をしたという。しかし、退職するのは簡単ではないと男性は言う。

「仲間内でも『俺らも定年までには一度くらい戦争に行くことになるのかな』と話題にな

ることがありますが、家族や新たな仕事のことを考えると辞める勇気が出ないです。ほとんどの人は、(安保関連法案が成立したことを)不安に思っても、他にできることがないという理由で続けていると思います。自衛隊でのキャリアは、民間では使いようがないものも多いですから」

国策のための「資源」

「少子高齢化に歯止めをかけ、五〇年後も人口一億人を維持する。その国家としての意志を明確にしたいと思う。一人ひとりの日本人誰もが、家庭で、職場で、地域でもっと活躍できる社会を創る。『ニッポン「一億総活躍」プラン』を作り、その実現に全力を尽くす決意だ」

安保関連法が成立した五日後の二〇一五年九月二四日、安倍首相は国民に同法のことを忘れさせるかのように、新たな「経済最優先」政策を発表した。新「三本の矢」で少子化を克服し、二〇二〇(平成三二)年までにGDP(国内総生産)を二割増の六〇〇兆円に引き上げることを目指すという。

「一億総活躍社会」は、戦時中の政府のスローガンを想起させる。一九三九(昭和一四)年八月、阿部信行内閣は国民精神総動員委員会の決定に基づき、全国民が「一億一心」、心を一つにして「戦場の労苦を偲《しの》び(中略)興亜の大業を翼賛し(中略)強力日本建設に向かって邁進」する日(閣議決定)として毎月一日を「興亜奉公日」に設定した。太平洋戦争開戦後の一九四二(昭和一七)年には、大政翼賛会が「進め一億火の玉だ」というスローガンを打ち出し、戦況が悪化していくと、これが「一億総玉砕」となっていった。「一億──」というスローガンは、国策としての戦争に国民を総動員し、最後の一人になっても国家のために戦って死ぬことを強いるものとして使われたのである。

安倍首相の「一億総活躍社会」は、戦争のために「活躍」することまで想定しているものではないだろうが、経済成長などの国策がまず先にありきなのは否めない。

自民党が二〇一二(平成二四)年に発表した「日本国憲法改正草案」は、個人の尊重をうたった第一三条から「個人」という言葉を削除する一方、「国と郷土を誇りと気概を持って自ら守り」「活力ある経済活動を通じて国を成長させる」ことなどを国民の義務として前文に明記した。すべてにおいて、個人より国家を優先させる思想が貫かれている。

「経済的徴兵制」に関して、将来「戦死者」が出るようになっても自衛官を確保できるように、政府は意図的に貧困と格差を広げるような政策をとっているとの言説をよく目にする。私は、これを裏付けるようなファクトに出会ったことがないので懐疑的ではあるが、こうした言説が世の中に浸透するのには理由があると思う。

政府が自衛隊（自衛官の命）を海外での国益追求のツールとして活用しようとしていることと、国内で非正規雇用を増やして貧困と格差を広げるような政策をとっていることには、底流に共通する思想がある。それは、国民一人ひとりの人権や生命より国策や国益を優先させる思想である。国民を、国策や国益実現のための「資源」として捉えているのだ。そこが共通しているので、二つの政策は別々ではなく一体のものとして映るのである。

国家が国民を「資源」として「消費」する、その最たるものが戦争だ。そして、国家対国家の総力戦ではなく、ゲリラなどを相手にする非対称戦争が主となった「現代の戦争」では、アメリカがそうであるように、戦地に送られ犠牲となるのは「一部の〈貧困な〉国民」なのである。

元自衛隊広報官の苦悩

「私がやっていた時もそうでしたが、自衛隊への就職は本人だけでなく親の意向が強く働きます。親は当然、息子が戦地に送られて殺されるのは嫌ですから、行かせたくないと思うでしょう」

畑山隆夫さん（仮名）は、高校を卒業してすぐに入隊し、五四歳で定年退職（自衛隊は軍事組織としての精強性を維持するために若年定年制をとっている）するまで、三六年間自衛隊に勤務した。そのうち約五年間、自衛隊では「広報官」と呼ばれるリクルーターを務めた。一九九〇年代のことだ。

広報官の仕事は楽ではなかった、と畑山さんは話す。

「部隊と違って厳しい訓練はありませんが、代わりに厳しいノルマが課せられます。（勧誘）対象者の家を訪問して説得するのにしても、日中は留守が多いので、帰宅は毎晩遅くなります。日曜日や休日も街に（対象者を）探しに出かけます。数が足りなければ、夏休みも正月もありません」

若者たちが自衛隊に志願する動機で最も多かったのは、国家公務員としての安定と給与だったという。なかには、「国を守りたい」と話す者もいたが、経済的に余裕がなく、大学進学を断念して自衛隊に進む高校生や、自衛隊でお金を貯《た》めて資格も取って辞めよう、と考える者も少なくなかった。

「だから、こちらの勧誘も、そういう話が多くなります。『自衛隊に入れば食いっぱぐれないし、衣食住がかからないので、無駄遣いしなければ給料は丸々残る。資格も大型免許とか色々とれますよ』とか。基本的に、悪い話はしないですよね」

そうやって自分が勧誘して入れた多くの自衛官が、今回成立した安保関連法案で危険にさらされようとしていることに畑山さんは胸を痛めているようだった。

「こっちもつらいですよね。絶対、海外で戦争することなんてないからと言って入れているわけですから。当時は、海外に鉄砲持っていくなんて、誘う方も受ける方もまったく考えていなかった。それが、まさかこんなことになるとは……」

畑山さんは、安倍首相が安全保障関連法案について「国民の生命と平和な暮らしを守り抜くためのもの」と繰り返しているのは「デタラメ」と指摘する。集団的自衛権の行使容認も米軍への「後方支援」も、海外に行ってアメリカの戦争をバックアップするためのものだと考えているからだ。

「我々はあくまでも、憲法に基づき、日本を守るため、国民を守るために命がけで任務を遂行すると宣誓して入隊したのであって、外国に行って戦争するために入隊したのではありません。『嫌なら辞めたらいいじゃないか』と言う人もいるけど、家族がいたり家のローンがあったりしたら今さら簡単に辞められない。私も、自分が入れた隊員に『辞めたらどうか』なんて言えません」

今後、実際に「戦死者」が出るような事態になれば、志願者は激減し、将来的には徴兵制導入もあり得るのではないかと畑山さんは言う。

アメリカのような経済的徴兵制になる可能性についても尋ねた。

「経済的に厳しければ、現実的に生活をするために、危険だとわかっていても『自分は大丈夫なんじゃないか』と考えて自衛隊に入る人はいるのではないでしょうか。政府がもっと国民のことを考えて（貧困対策などを）ちゃんとやっていれば、そうはならないと思いますが、今はあえてそういう状況に持っていこうとしているようにも見えます」

畑山さんも、自衛隊に入ったのは経済的な事情からだった。実家は自営業で、けっして家計に余裕がある状況ではなかった。三人兄弟の一番下で、「中学生の頃から、家には居られないなというのが頭にあったので、自衛隊を選んだ」と語る。

入隊した時の動機はこのようなものであったが、仕事をするうちに、国のため、国民のために、いざという時は命がけで働く「自衛官」という仕事に誇りを持つようになったという。昔は「税金泥棒」などと揶揄する声もあったが、自分たちは給料や待遇に見合うだけの仕事をしているという自負はあった。

だからこそ、自衛隊は、これからも専守防衛を貫くべきだと思っている。

「戦後七〇年間、一人も殺さず、一人も殺されないでやってこられたのは専守防衛だったからです。自衛官は『軍人』ではない。外国に出して戦争するようになったら、『自衛官』ではなくなってしまいます」

高校を卒業してすぐに入隊し、定年まで勤め上げた畑山さんの言葉から、ひたすら国の防衛に専念し、海外では武力は使わない「自衛官」としてのプライドを感じた。

本書で見てきたように、自衛隊の「経済的徴兵制」は今に始まったことではない。しかし、安保法制が成立したことで、その意味は大きく変わった。

「専守防衛」の下であれば、若者の「雇用対策」「貧困対策」と言えたかもしれない。しかし、海外の戦地へ送られ、命を落とす危険性が出てきた今、もうそれだけで片付けることはできないのだ。

おわりに

「よく御存じですね」

首都圏の駐屯地に勤務するイラク派遣の経験もある中堅陸曹に、「安保法制が通ったら、『戦死者』が出る前に過労死が続出するのでは？」と尋ねると、こう答えた。

自衛隊内部の事情に通じていなくても、普通に考えれば分かる話だ。民間企業でもそうだが、仕事ばかり増えて人が増えなければ、当然オーバーワークになる。自衛隊は冷戦終結後、人は減らされたが、任務はＰＫＯ、周辺事態への対応、米軍の後方支援などと逆に次々と増やされてきた。すでにオーバーワークになっているところに、さらに任務を増やせば、どういう事態になるかは火を見るより明らかである。

しかも、自衛隊は他国の軍隊と比べて、二つの点で人的戦力に弱点がある。まず、通常は最も多い「兵」（自衛隊では「士」）階級の割合が非常に少ない。もう一つは、予備役の数が他国と比べて極めて少ない。

たとえば英軍と比較した場合、英軍では「兵」階級が半数近くを占めるのに対して、自衛隊では二割弱となっている。しかも、自衛隊の場合、「士」階級の充足率（定員に対する実員の割合）が約七五％（「平成二七年版防衛白書」）しかない。また、予備役の数は、英軍が現役のほぼ半数の予備役を備えているのに対して、自衛隊の予備役は現役の六分の一しかいない。

数年前に3等陸佐（少佐）で退官した元幹部自衛官は、この弱点について次のように話していた。

「陸上自衛隊の中隊長や小隊長は、フル編成で訓練することはほとんどありません。常に欠員の状態で指揮をしているので、自分が率いる部隊の本当の能力が分かりません。実際の戦場では、兵士の三割が損耗したら、その部隊はほぼ壊滅状態だと言われます。自衛隊は、戦う前からその状態で始めないといけないのです。しかも予備役もほとんどいないので、補充もできない。戦闘で兵士が損耗したら、どうやって戦うんですかね」

海上自衛隊も、イージス護衛艦の乗員に換算すると一〇隻分に相当する三〇〇〇人超の欠員がある（「平成二七年版防衛白書」）。海上自衛隊は二〇〇九年から、ソマリア沖の海賊対処のために護衛艦二隻を派遣している。こうした海外での実任務に欠員状態で送るわけにはいかないので、他の護衛艦から乗員を移して穴埋めしたこともあった。その結果、国内の護衛艦の充足率がさらに低下する事態となった。

古庄幸一・元海上幕僚長は月刊誌の対談記事で「我々はいままで、一正面を考えて兵力整備をしてきました。高練度の部隊を常に八隻から十隻ほどキープできるような教育訓練をしてきたんです。ところが気が付いたら、いまはソマリア、東シナ海、北朝鮮の三正面になっていた」「三正面になり、配置が増えたのに人は増えていない。教育訓練するにしても、船から降ろさなければなりませんが、そうすると欠員が出る。補充はありません。また、警戒監視が必要だから潜水艦を増やすといったって、人を増やして訓練しなければ意味がないんです」(『WiLL』二〇一三年四月号)と述べて、人員と装備の不足を嘆いた。

このように、欠員状態となっているのは、募集しても隊員が集まらないからではなく、予算をつけていないからだ。政府は、有事の際に不足する兵力は「緊急募集等で充足する」というスタンスだ。しかし、そんなことが本当に可能なのだろうか。

安倍首相は「安保法制によって防衛費自体が増えていくことはない」と説明するが、本当ならば、人を増やすつもりもないということだ。実際、日本の財政状況から考えても、防衛費を大幅に増やすのは困難だろう。しかし、現状でも人が足りないと現場から悲鳴が上がっているのに、どうやって任務だけ大幅に拡大できるというのか。このように人的な基盤を無視した今回の安保法制は、「隙のない（防衛）態勢を整える」（安倍首相）どころか、逆に大規模災害への対応も含めて「防衛崩壊」を招きかねない。

もし、拡大した任務に対応するために自衛官の数や装備を増やすならば、防衛費の大幅増額は避けられない。そうなれば犠牲となるのは社会保障費だろう。結果、格差と貧困はますます拡大し、「経済的徴兵制」は強化される。どちらにせよ、「亡国の道」と言わざるを得ない。

自衛隊の海外での軍事行動を大幅に拡大する安保法制が成立したことで、「経済的徴兵制」の意味合いは、専守防衛の時代から大きく変わった。

「経済的徴兵制」の何が問題か。答えははっきりしている。国土防衛ではなく、富める者たちの利益のために行われる海外での戦争で、貧しき者たちの命が「消費」される。それは不正義以外の何物でもない。

使い捨てにされてよい人間など、この世界に存在しない。まして、これから本格的な少子高齢化を迎える日本には、貴重な若年労働力を使い捨てにする余裕などこれっぽっちもないはずである。

安保法制は成立したが、まだ、政府を「引き戻す」ことは可能だ。私たちには、それを実現するチャンスもパワーもあると確信している。私も微力ながら、自分に出来る行動を続けたいと思う。

最後に、本書をまとめるにあたって多くの方々にお世話になりました。みなさんに改めてお礼申し上げます。最後まで読んで下さった読者のみなさまにも、心より感謝申し上げます。

二〇一五年一〇月一六日

布施祐仁

主な参考文献・資料

林茂夫『徴兵準備はここまできている』三一書房、一九七八年
林茂夫『高校生と自衛隊—広報・募集・徴兵作戦』高文研、一九八六年
堤未果『ルポ　貧困大国アメリカ』岩波新書、二〇〇八年
布施祐仁『災害派遣と「軍隊」の狭間で—戦う自衛隊の人づくり』かもがわ出版、二〇一二年
半田滋『闘えない軍隊—肥大化する自衛隊の苦悶』講談社＋α新書、二〇〇五年
清谷信一『防衛破綻—「ガラパゴス化」する自衛隊装備』中公新書ラクレ、二〇一〇年
松島悠佐『教育改革は自衛隊式で—教育のプロ集団・自衛隊』内外出版、二〇〇七年
防衛庁人事局『募集十年史』一九六一年
防衛庁人事教育局人事第二課「隊員補充の現況と問題点」一九六九年
『防衛力の人的側面についての抜本的改革報告書』防衛省、二〇〇七年
『防衛白書』防衛省
『防衛ハンドブック』朝雲新聞社

※その他、情報公開法等により入手した内部文書多数。

布施祐仁（ふせ ゆうじん）

一九七六年、東京都生まれ。ジャーナリスト。『平和新聞』編集長。福島第一原発で働く労働者を取材した『ルポ イチエフ〜福島第一原発レベル7の現場』（岩波書店）にて平和・協同ジャーナリスト基金賞、日本ジャーナリスト会議によるJCJ賞を受賞。著書に『日米密約 裁かれない米兵犯罪』（岩波書店）など多数。

経《けい》済《ざい》的《てき》徴《ちょう》兵《へい》制《せい》

集英社新書〇八一一A

二〇一五年一一月二二日 第一刷発行

著者……布施祐仁《ふせゆうじん》

発行者……加藤 潤

発行所……株式会社集英社

東京都千代田区一ッ橋二-五-一〇 郵便番号一〇一-八〇五〇

電話 〇三-三二三〇-六三九一（編集部）

〇三-三二三〇-六〇八〇（読者係）

〇三-三二三〇-六三九三（販売部）書店専用

装幀……原 研哉

印刷所……凸版印刷株式会社

製本所……ナショナル製本協同組合

定価はカバーに表示してあります。

ISBN 978-4-08-720811-5 C0231

a pilot of wisdom

a pilot of wisdom

集英社新書　好評既刊

奇食珍食　糞便録〈ノンフィクション〉
椎名　誠　0798-N
世界の辺境を長年にわたり巡ってきた著者による、「人間が何を食べ、どう排泄してきたか」に迫る傑作ルポ。

科学者は戦争で何をしたか
益川敏英　0799-C
自身の戦争体験と反戦活動を振り返りつつ、ノーベル賞科学者が世界から戦争を廃絶する方策を提言する。

江戸の経済事件簿　地獄の沙汰も金次第
赤坂治績　0800-D
金銭がらみの出来事を描いた歌舞伎・落語・浮世絵等から学ぶ、近代資本主義以前の江戸の経済と金の実相。

宇沢弘文のメッセージ
大塚信一　0801-A
〝人間が真に豊かに生きる条件〟を求め続けた天才経済学者の思想の核に、三〇年伴走した著者が肉薄！

原発訴訟が社会を変える
河合弘之　0802-B
原発運転差止訴訟で勝利を収めた弁護士が、原発推進派と闘うための法廷戦術や訴訟の舞台裏を初公開！

悪の力
姜尚中　0803-C
「悪」はどこから生まれるのか？一〇〇万部のベストセラー『悩む力』の著者が、人類普遍の難問に挑む。

奇跡の村　地方は「人」で再生する
相川俊英　0804-B
少子化対策の成果により〝奇跡の村〟と呼ばれる長野県下條村を中心に、過疎に抗う山村の秘密に迫るルポ。

日本の犬猫は幸せか　動物保護施設アークの25年
エリザベス・オリバー　0805-B
日本の動物保護活動の草分け的存在の著者が、母国・英国の実態や犬猫殺処分問題の現状と問題点を説く。

孤独病　寂しい日本人の正体
片田珠美　0806-E
現代日本人を悩ます孤独とその寂しさの正体とは何なのか。気鋭の精神科医がその病への処方箋を提示する。

宇宙背景放射「ビッグバン以前」の痕跡を探る
羽澄昌史　0807-G
最先端実験に関わる著者が物理学の基礎から最新の概念までを駆使して、ビッグバン以前の宇宙の謎を探る。

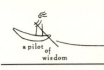